农民教育培训系列教材

U0272004

农民手机
应用手册

王永立　张晓旭　李国东 ◎ 主编

中国农业科学技术出版社

图书在版编目（CIP）数据

农民手机应用手册／王永立，张晓旭，李国东主编 . —北京：中国农业科学技术出版社，2019.9

ISBN 978-7-5116-4409-1

Ⅰ.①农… Ⅱ.①王…②张…③李… Ⅲ.①移动电话机–基本知识 Ⅳ.①TN929.53

中国版本图书馆 CIP 数据核字（2019）第 207113 号

责任编辑	崔改泵　张诗瑶
责任校对	马广洋
出 版 者	中国农业科学技术出版社
	北京市中关村南大街 12 号　邮编：100081
电　　话	（010）82109194（编辑室）　（010）82109704（发行部）
	（010）82109709（读者服务部）
传　　真	（010）82106631
网　　址	http://www.CASTP.cn
经 销 者	各地新华书店
印 刷 者	北京富泰印刷有限责任公司
开　　本	880mm×1 230mm　1/32
印　　张	5.125
字　　数	133 千字
版　　次	2019 年 9 月第 1 版　2019 年 9 月第 1 次印刷
定　　价	30.80 元

◄▬▬ 版权所有·翻印必究 ▬▬►

《农民手机应用手册》

编 委 会

主　编：王永立　　张晓旭　　李国东
副主编：盛　丰　　张　磊　　高　星　　赵　珺
　　　　杨丽红　　雷卫平　　樊　晓　　祁晓煜
　　　　代　珂　　焦富玉　　赵晓菊　　傅莉辉
　　　　贾彦昌　　宋珊珊　　郑海光　　刘亚芹
　　　　张　栋　　石　礤　　张瀚文　　阴秀君
　　　　廖红燕　　吴海滨
编　委：梁景安　　李二伟　　李锡海　　赵　明
　　　　施　俊　　张三德　　彭　鑫　　刘明明
　　　　胡善英　　谢年友　　彭庆友

前　言

　　随着信息技术的快速发展，手机越来越成为农民群众离不开的先进生产工具。开展农民手机培训，将给农民生产生活带来诸多好处，还可促进农业农村经济转型升级，对推进农业供给侧结构性改革、加快实现农业现代化、全面建成小康社会具有重要意义。

　　本书主要讲述了智能手机在农村的普及、手机通信网络、智能手机基本知识、智能手机的用途、智能手机应用软件与操作、智能手机在农民生产生活中的应用和智能手机与农业电子商务等方面的内容。

　　由于编者水平所限，加之时间仓促，书中不尽如人意之处在所难免，恳切希望广大读者和同行不吝指正。

编　者

目　录

第一章　智能手机在农村的普及

第一节　智能手机在农村的普及

一、手机成为广大农民的"新农具"

2018 年 6 月 27 日召开的国务院常务会议指出，要鼓励社会力量运用互联网发展各种亲农惠农新业态、新模式，满足"三农"发展多样化需求，推动大众创业、万众创新在农村向深度发展，带动更多农民就近就业。探索政府购买服务等机制，建设涉农公益服务平台，加大对农户信息技术应用培训。

会议还提出一个颇为亮眼的说法，使手机成为广大农民的"新农具"。这是在"互联网+农业"背景下，对现代农业发展趋势的一个形象比喻，这就是告诉大家：做农业，一定要重视并利用好互联网，尤其是移动互联网。

此处"新农具"的概念其内涵就在于通过打造涉农公益性服务平台，使手机成为农民在生产、加工、流通、销售、服务过程中与互联网连接的重要载体，成为与传统农具互为补充的新型农业生产及营商手段，成为一二三产有机融合的润滑剂和加速器。

二、"新农具"在农业生产中的运用

目前，我国已经成为世界上规模最大的移动互联网国家。根据统计，我国移动互联网用户已经突破了 10 亿人。随着我国农村经济的发展，绝大多数农村地区也已普及了互联网。

农民手中的手机，并不只是一个简单的通信工具，它还可

以变成发家致富的工具。手机可以让农民了解最新的农业动态，把握最新的农产品价格信息；手机可以帮助农民实现网上购物、支付和农产品销售，在生活便利化的同时，大大拓展了农业生产和销售的渠道；手机还能够帮助农民实现创业梦想，通过做微商、开淘宝店等方法，实现自己的"老板梦"。农民不仅可以利用互联网提供的农业社会化服务，用手机 APP 管理养殖场、果园等，还可以利用手机对接市场进行农产品销售。

农民崔江元种了多年的蔬菜大棚，以前是铁锹、耙子等农具不离手，现在成了"手机控"。自从手机装了 APP、用上了智能化设备，大棚里的光照强弱、温度高低、湿度大小，什么时候该通风了、该浇水了、要补光了……在手机上一目了然，可以通过手机进行实时查询和调节。最直接的好处就是大棚管理更简单了，夫妻俩轻轻松松管理了 3 个大棚。智能操控让种植更精准，种出来的产品更好，当然，卖的价格也就更称心。

三、"新农具"在新模式中的运用

将手机互联网运用到农村新产业和新业态中，也已是不少农民朋友发家致富的"武器"。

比如在山东，"互联网+乡村旅游"让游客在出行前就能够在网络上获悉景区相关资讯，一站式解决出行难题。在湖南桃源赛阳村，游客通过手机微信公众号就能获得当地人文历史、风景美食以及旅游活动项目等信息，还可通过公众号预订农家乐、民俗活动、采摘、户外活动等旅游项目。

第二节　智能手机推动农村信息化

一、手机媒体在农村信息化传播中的优点

（一）服务内容涉及广泛

近年来，随着手机媒体的大力推广，国内各大手机运营商在农村也找到了商机，各自为农村制定了特色的服务领域业务，涉及了农业、生活、科技、生态保护等领域，让农民对农业方面的服务信息有了更加广泛的了解。媒体服务都是通过和一些农业机构和相关公司达成共识之后，通过利用运营商的技术发送到一些信息平台上面，向农户提供各类的信息，从而让农民对农业发展的各方各面有了新的认识。

（二）有效带动农村各方发展

智能手机在农村的大力推广，手机媒体的热潮带动了农村经济各方面的发展。它简单的界面操作和强大的应用程序，为农户间的交流搭起了一座桥梁，使农户在经济、生活和学习方面，通过在智能手机上的学习，了解到以前从来没有接触过的讯息和知识。智能手机帮助农村网民在电子商务的开发中，不断扩大产业链，销售的农产品种类日渐丰富，营业额也蒸蒸日上。

（三）大力改善了生产生活环境

各地的农民通过手机智能媒体各自分享信息资源，及时了解国家三农的新发展和新事态，在信息平台上广泛地加入讨论，表达农民自身诉求，让相关部门也能及时有效地了解农民的想法和需求。农民使用智能手机的应用程序开设了例如微信群、QQ群和讨论组等形式的聊天平台，不仅延续了现实生活中的交往，而且打破了地域、时间的限制，有效提高了农户和农户之间交流。

二、手机媒体在服务农村信息化中存在的缺陷

（一）网络传播速度慢，信息费用高

与发达国家相比，我国不管手机话费还是数据业务费都很贵，同时网络传输速度又很慢，严重阻碍了农村信息的传播，对农民了解相关信息，想要快速传输群组消息等带来了很多不利的影响。在很多地方没有设立基站，导致农民在工作时接收不到信号，很大程度上阻碍了农民对相关信息的获取。

（二）缺乏专业的媒体从业人员

目前，手机媒体行业专业性人才的缺失阻碍了手机媒体在农村的发展。大多数从业人员，没有进行过专业的培训，也缺乏长时间的手机媒体领域的工作经验。这为手机媒体真正发挥其功能增加了难度。同时，手机行业不规范的标准也导致了很多弊端，垃圾短信多如牛毛，一些诈骗电话也随之而来，给农民的生活和工作带来了很大的困扰。

（三）技术层面的局限

尽管现在运营商梯队中拥有很多高层次高技术的人才，但是农村媒体才刚刚发展起来，还没站稳脚跟，处在一个不断成熟的阶段，手机发展上也会存在无法克制的瓶颈。比如，每个农民对手机屏幕尺寸的需求是不一样的，多大手机会让他不产生太大的疲劳感较为重要。手机屏幕尺寸也使得手机影视作品的创作和屏幕的表现力受到了限制。

三、利用手机媒体推动农村信息化发展的措施

（一）政府全方面把握好方向

由政府作为龙头老大带头的项目上，应该协调好各方面的人力资源和物质资源。在农村这样一个特殊的地域，要结合当地环境的实际情况来制定因地制宜的政策，在政府与市场之间应该有一只无形的手来调控。一方面，相关的农业部门在建设农业新型媒体的策略上，应该以政府手段为主来推进一些农业项目与工程；另一方面，移动运营商应该通过市场实现自我把控，推动农业项目与工程的发展，加强资源的整合。

（二）推动手机媒体的自我发展

手机媒体在农村信息化服务中存在着许多缺陷，需要手机媒体自我完善，同时也需要其他相关部门的共同调控。首先，全方位完善媒体系统，建立独立的营运模式；在相关部门和高校培养农村与互联网复合型人才，帮助农民利用手机媒体开发新领域，实现脱贫致富。其次，根据农村危害多发的特点，相关立法部门制定相关法律。最后，手机运营商应该充分利用新媒体技术，不断开发新的网络平台与媒体技术，增加手机媒体的服务功能。

（三）提高手机传播的优势

手机在农村的大力推广，使其已经成为农民了解外界世界的新媒体，在媒体的传播中涉及了各式各样的资源和信息，惠农利农。要提高手机媒体的实用性，我们应该要注意以下几点：第一，应该从农民自身入手，提高农民对媒体的关注度和他们自身对涉农信息的兴趣度；第二，传播的信息应该与农民的生活生产息息相关，应该包括农业生产、农业技术学习等，也可以包括一些文化娱乐方面的内容；第三，我们应该利用手机的强大功能，利用手机让农民打破地域阻隔，更方便地与人交往和发展电商。

第三节　手机八大技术发展趋势

一、双屏折叠手机

早在 2017 年 10 月 17 日，中兴就在美国纽约发布了一款非常值得关注的智能手机，也就是中兴天机 AXON M。这款手机最大的特点在于采用了折叠双面屏的设计，但是这款手机的折叠功能并不如人意，屏幕两边重量不一样，双屏展开的情况下中间有黑色竖条等。直到 2018 年 11 月，三星重新定义了双屏折叠手机，该手机展开中间没有黑色竖条，就是一整块屏幕。它采用了一种名为 Infinity Flex Display 的新技术，可使屏幕折叠数十万次而不轻易损坏，有传言称，它被称为 Galaxy X 或者 Galaxy F，将于 2019 年发售。

二、AI 芯片引领手机智能发展

AI（Artificial Intelligence）就是人工智能，作为时下最火的技术之一，手机行业也不会错过。各大芯片厂商也在积极研发 AI 手机芯片。现在，我们最熟悉的 AI 手机芯片应该就是华为海思推出的麒麟 970 芯片。麒麟 970 芯片最大的特征是设立了一个专门的 AI 硬件处理单元——NPU（Neural Network Processing Unit，神经元网络），用来处理海量的 AI 数据，在 2018 年 10 月，华为在麒麟 970 的基础上研发出了 AI 性能更强的麒麟 980 芯片，该芯片也是华为第二代人工智能芯片，更擅长处理视频、图像类的多媒体数据。

三、全面屏

从最初的按键手机到翻盖手机，再到大屏手机，最后到全面屏手机，手机的屏幕是越做越大，屏占比越来越高。虽然很多手机厂商都宣称自己的手机是全面屏，但实际并不是。其手机边缘依旧有外边框。各大手机厂商都纷纷想方设法地减小外边框的宽度。在技术难以突破的情况下，很多手机厂商转去研究刘海屏、水滴屏。由于全面屏手机在影音、游戏等方面用户体验绝佳，我们有理由相信，在未来，全面屏技术一定会取得重大突破。

四、人脸识别

人脸识别并不算一个很新颖的技术，现在已经有很多手机采用了人脸识别技术，如苹果 iPhone X、三星 S9+、一加 5T、华为 P20 Pro、vivo X21 等手机早已使用上人脸识别功能。在未来，人脸识别的功能会更加强大，在访问控制、安全和预防诈骗等领域，人脸识别都将发挥非常重要的作用。

五、5G 通信技术将至

2018 年可谓是 5G 技术的前夕，目前虽然距离发布还有几个月，但各大厂商已经在做 5G 手机的研发。5G 通信作为第五代移动通信技术，其峰值理论传输速度可达数十 Gbps，这比 4G 网络的传输速度快数百倍，整部超高画质电影可在 1 秒之内下载完成。随着 5G 技术的诞生，用智能终端分享 3D 电影、游戏以及超高画质（UHD）节目的时代已向我们走来。

六、无线充电技术

无线充电也被称为感应充电，因为它基于电磁感应原理，在没有电线的情况下，直接对电池充电。该过程使用户可以随时随地为手机充电，而无需插入电源插座。这意味着无线充电功能的智能手机和其他设备可以通过简单地将它们放置在咖啡桌上来充电，在未来，无线充电甚至可以运用到机器人等设备上，这会带给人们极大的方便。

七、智能语音助手

除了技术的研发外，厂商们也纷纷在用户体验上下足了功夫，从三星的 Bixby，华为的小 E、小米的小爱，苹果的 Siri 语音助手等，各大厂商在纷纷在智能化手机上搭载智能语音助手，预计到 2023 年，全球超过 90% 的智能手机会搭载语音助手，也许在未来，说不定 Home 键都没了，使用语音操作将会成为主流。

八、石墨烯电池

现在智能手机的屏幕、主板、运算速度都在快速发展，唯独电池技术更新较为缓慢，目前移动产品最大的问题也在于续航。三星早在 2017 年就宣布开发石墨烯电池，它可以在常规锂离子电池内使用，将电池容量提高 45%，充电时间缩短 5 倍，最快仅需 12 分钟，还能保持 60 摄氏度的恒温。有消息称，三星将在 2019 年开始将这些电池添加到其手机设备中。

第二章　手机通信网络

第一节　手机运营商选择

一、中国移动（CMCC）

服务电话：10086

官网：http://www.chinamobileltd.com/

服务号段：134（1349除外），135，136，137，138，139，147，150，151，152，157，158，159，182，183，184，187，188等。

中国移动英文全称为 China Mobile Communications Corporation。中国移动通信集团公司（简称中国移动）于2000年4月20日成立。中国移动通信集团公司是根据国家关于电信体制改革的部署和要求，在原中国电信移动通信资产总体剥离的基础上组建的国有骨干企业。

中国移动是一家基于 GSM、TD-SCDMA 和 TD-LTE 制试网络的移动通信运营商。知名品牌有：全球通、动感地带、神州行、"动力100"等。中国移动在2013年12月18日公布了与正邦合作设计的4G品牌"And！和"，标志着中国移动4G业务的正式启动。

二、中国电信（China Telecom）

服务电话：10000

官网：http://www.chinatelecom.com.cn/服务号段：133，

153，177，180，181，189 等。

中国电信集团公司是我国特大型国有通信企业，主要经营固定电话、移动通信、卫星通信、互联网接入及应用等综合信息服务。

三、中国联通（China Unicom）

服务热线：10010

官网：http：//www.chinaunicom.com.cn/

服务号段：130，131，132，145，152，155，156，155，186 等，其中 145 号段为中国联通 3G WCDMA 无线上网卡专属号段。

中国联通主要经营 GSM、WGDMA 和 FDD-LTE 制式移动网络业务，固定通信业务，国内、国际通信设施服务业务，卫星国际专线业务，数据通信业务，网络接入业务和各类电信增值业务，与通信信息业务相关的系统集成业务等。

第二节　4G、5G 通信模式

一、4G

4G 是第四代移动通信及其技术的简称，是一种集 3G 与 WLAN（无线局域网）于一体，并能够传输高质量视频和图像，且图像传输质量与高清晰度电视不相上下的网络技术。4G 网络系统能够以 100Mbps 的速度下载，比拨号上网快 2 000 倍，上传的速度也能达到 20Mbps，并能够满足几乎所有用户对于无线服务的要求。

4G 带来的高速网络传输速度，意味着效率的提升，有助于建立一个讲究效率的社会体系。如果不会使用电脑和智能手机还可以说得过去的话，那么，如果还不会应用高效网络，那就真的"out"了。

科技的发展总是让我们应接不暇，我们刚刚享受了 3G 手机上网的便捷，而 4G 高速网络时代已经来临，甚至 5G 网络的运用也已被提上议程，我们只有不断更新知识和观念，才能去迎接这些让我们激动不已的科技产品或是科技生活。

终端，就能实现飞速上网，这个不起眼的"小盒子"还能将 4G 制式的信号转换成 WiFi 信号，实现网络多人共享。

下载一部 2.8GB 的大英百科全书，8 分钟可以完成；下载一部 40GB 容量的蓝光 3D 影片，耗时不到 2 小时，这些对于 4G 网络来说，简直就是小菜一碟，哪怕在移动状态下，4G 网速至少也能达到 30Mbps 以上，可以大大提升传输效率。

二、5G

第五代移动电话行动通信标准，也称第五代移动通信技术，外语缩写为 5G，也是 4G 之后的延伸，正在研究中。5G 网络的理论传输速度超过 10Gbps（相当于下载速度 1.25GB/s）。

第三章　智能手机基本知识

第一节　智能手机概念

智能手机，是指像个人电脑一样，具有独立的操作系统，独立的运行空间，可以由用户自行安装软件、游戏、导航等第三方服务商提供的程序，并可以通过移动通讯网络来实现无线网络接入手机类型的总称。

智能手机具有优秀的操作系统、可自由安装各类软件（仅安卓系统）、完全大屏的全触屏式操作感这三大特性，其中 Google（谷歌）、苹果、三星、诺基亚、HTC（宏达电）这五大品牌在全世界最广为皆知，而小米（Mi）、华为（HUAWEI）、魅族（MEIZU）、联想（Lenovo）、中兴（ZTE）、酷派（Coolpad）、一加手机（oneplus）、金立（GIONEE）、天宇（天语，K-Touch）等品牌在中国备受关注。

第二节　智能手机硬件

一、CPU

相当手机的大脑，核心的运算能力。强劲的 CPU 可以为手机带来更高的运算能力，也会增加手机玩游戏看电影的速度体验，CPU 主要参数有 2 个，核心数和主频，当然，这些参数也不是越大越好，合理够用即可，因为多核心高主频也意味着更耗电。

二、RAM

相当电脑的内存，也叫做运行内存简称运存。RAM 越大，手机运行速度更快，多任务机制更流畅，打开多个应用也不卡机，现在主流手机的 2GB 运存已足够满足绝大多数应用，1GB 也尚可。

三、ROM

一般等同于电脑硬盘，用于安装 Android 系统及存放照片、视频等文档，ROM 越大，能存放的东西越多，就好比电脑硬盘越大存放的电影就越多啦。

四、GPU

图像处理单元，等同于电脑的显卡。GPU 越高，针对高清电影，拍摄能力，游戏效果会更好地得到提升。

五、屏幕

对"屏幕是什么"不需再做过多解释，手机的屏幕材质也有很多种。对于大家来说，屏幕最重要的参数可能就是分辨率了，现在大部分手机屏幕分辨率都能做到 720p（1 280×720），大部分旗舰机都做到了 1 080p（1 920×1 080），显示效果非常细腻。

六、摄像头

摄像头有 2 个比较重要的参数，即像素数和光圈大小，现在主流手机后置摄像头 800 万、1 300 万像素的都有，光圈越大，拍摄效果也是越好。

七、电池

电池最重要的参数是容量。大容量电池才能有比较好的续航能力，玩游戏或看电影时才能更持久。

八、传感器

手机里包含多种传感器，比如距离传感器、加速度传感器、重力传感器、陀螺仪、气压计等等，传感器就是手机的耳鼻眼手，能够采集周围环境的各种参数给 CPU，使得手机具有真正智能的功能。

九、射频芯片

手机里有很多与射频相关的芯片，主要有射频发射芯片、GPS 导航天线芯片、WiFi 无线网络芯片、NFC 近场传输芯片、蓝牙芯片等，这些芯片的数量和性能，决定了手机通信手段的多少和通信能力的强弱。

第三节　智能手机软件

所谓智能手机软件就是可以安装在手机上的软件，完善原始系统的不足，实现手机的个性化。随着科技的发展，现在手机的功能也越来越多，越来越强大。不像过去那么简单死板，目前发展到足以和掌上电脑相媲美的程度。智能手机软件与电脑一样，下载智能手机软件时还要根据您购买这一款手机所安装的系统来下载相对应的软件。

一、智能手机的操作系统

我们的生活越来越因为科技的力量而改变，目前我们手中的设备——手机，基本上成为了每个人的信息处理平台与生活辅助工具。那么您真正了解它们吗？下面我们就按照手机系统的分类分别介绍主流的 3 种设备：iOS、Android 以及 Windows。

（一）iOS

iPhone 是苹果公司研发的智能手机系列，它搭载苹果公司研发的 iOS 手机操作系统。第一代 iPhone 于 2007 年 1 月 9 日由苹果公司前首席执行官的史蒂夫·乔布斯发布，并在同年 6 月 29 日正式发售。2013 年 9 月 10 日，苹果公司在美国加州举行新产品发布会，推出第七代产品 iPhone 5S 及 iPhone 5C。

（二）Android

Android 是一种基于 Linux 的开放式源代码的操作系统，主要使用于移动设备，如智能手机和平板电脑，由 Google 公司和开放手机联盟领导及开发，在中国大陆地区通常被称为"安卓"。第一部 Android 智能手机发布于 2008 年 10 月。Android 逐渐扩展到平板电脑及其他领域上，如电视、数码相机、游戏机等。2011 年第一季度，Android 在全球的市场份额首次超过塞班系统，跃居全球第一。2013 年的第四季度，Android 平台手机的全球市场份额已经达到 78.1%。

（三）Windows Phone

Windows Phone（WP）是微软发布的一款手机操作系统，它将微软旗下的 Xbox Live 游戏、Xbox Music 音乐与独特的视频体验集成至手机中。微软公司于 2010 年 10 月 11 日晚上 9 点 30 分正式发布了智能手机操作系统 Windows Phone，并将其使用接口称为"Modem"。2011 年 2 月，诺基亚与微软结成全球战略同盟并深度合作共同研发。2015 年 2 月，微软在推送 Windows 10 移动版第二个预览版时，第一阶段推送了 Windows Phone 8.1 更新 2，在 Windows Phone 8.1 更新 1 的基础上改进了一些功能的操作方式，Windows Phone 的后续系统是 Windows 10 Mobile。

二、智能手机应用软件（APP）

（一）APP 是什么

APP 是英文 Application（应用程序）的简称，一般指手机软件，即安装在手机上的软件。它的作用是完善原始系统的不足与个性化。

一开始 APP 只是以一种第三方应用的合作形式参与到互联网商业活动中去的。随着互联网越来越开放化，APP 作为一种萌生于手机的盈利模式开始被更多的互联网商业大亨看重，如淘宝开放平台、腾讯的微博开发平台、百度的百度应用平台，都是 APP 思想的具体表现。电商一方面可以积聚各种不同类型的网络受众，另一方面借助 APP 平台获取流量，其中包括大众流量和定向流量。

APP 作为智能手机的第三方应用程序，比较著名的 APP 商店有 Apple 的音乐商店、谷歌的 Google Play、诺基亚的 Ovi 商店，还有黑莓用户的 BlackBerry App World 以及微软的应用商城。与电脑一样，下载手机软件时还要考虑手机所安装的系统。

1. Apple App Store（苹果手机应用软件商店）

App Store 是苹果音乐商店的一部分，是苹果手机、苹果平板电脑以及苹果电脑的服务软件，允许用户从 iTunes Store 或 Mac App Store 浏览和下载一些为 iPhone SDK 或 Mac 开发的应用程序。

用户可以购买收费项目和免费项目，将该应用程序直接下载到 iPhone 或 iPod touch、iPad、Mac，其中包含游戏、日历、翻译程式、图库以及许多实用的软件。

苹果手机应用商店拥有海量精选的移动 APP，均由 Apple 和第三方开发者为 iPhone 量身设计。在 App Store 你可以轻松找到想要的 APP，甚至发现自己从前不知道却有需要的新 APP。您可以按类别随意浏览，或者选购由专家精选的 APP 和游戏。Apple 会对 App Store 中的所有内容进行预防恶意软件的审查，因此，您购买和下载 APP 的来源完全安全可靠。

2. Android（安卓）应用市场

安卓市场由著名的安卓专业论坛——安卓网开发，该市场是中国国内老牌的 Android 软件发布平台，原创中文软件涵盖量大，是一个全中文化的市场、本地化的程序应用，依托着安卓网开发者联盟的强大支持，每天不断有新鲜中文软件与大家见面。

安卓市场提供"手机客户端""平板电脑客户端/PC 端"和"网页端"等多种下载渠道，用户可以自由选择"手机直接下载""云推送""扫描二维码"和"电脑下载"等多种方式轻松获取安卓软件和游戏。安卓市场为用户提供一站式的软件下载、管理和升级服务。安卓的 Logo 是一个全身绿色的机器人。

安卓市场提供海量软件资源，包罗万象；拥有上千万忠实用户，日均下载量在同类市场中居前列。安卓市场为用户第一时间呈现各类应用软件，主动更新热门应用，充分满足用户的尝鲜体验。安卓市场根据软件优势，结合时事热点、生活百态推出各具人性化专栏，贴近用户心理同时带来愉悦享受；应用先进技术，压缩数据节省流量。特设社交功能，用户可通过微博、短信、云推送等方式与好友分享软件。使用 Android 软件管家，可随时随地下载安装 Android 应用和游戏，操作简单，一键备份软件安装包。首创离线功能及收藏批量下载，在方便的时候一键批量下载安装收藏夹中的软件，同时可在线安装应用软件，也可以管理本地软件和安装包。

安卓市场上所有的应用软件，均经过系统、人工双重审核，下载更安全，同时做到永久免费。

安卓市场支持云推送、二维码等多种下载渠道。安卓市场经严格筛选，将精品的应用程序根据全部用户的整体评价以从高至低的方式展现。

初次使用软件时特别增加了快速教程，便捷操作、主要功能一览无余，让使用者充分掌握使用技巧，更能帮助用户发现其人性化的隐蔽便捷操作。

　　3. 扫描二维码下载 APP

　　二维码（2-dimensional bar code）是用某种特定的几何图形按一定规律在平面（二维方向上）分布的黑白相间的图形记录数据符号信息，在代码编制上巧妙地利用构成计算机内部逻辑基础的"0""1"比特流的概念，使用若干个与二进制相对应的几何形体来表示文字数值信息，通过图像输入设备或光电扫描设备自动识读以实现信息自动处理。它具有条码技术的一些共性：每种码制有其特定的字符集；每个字符占有一定的宽度；具有一定的校验功能等。同时还具有对不同行的信息自动识别功能及处理图形旋转变化点。

　　手机二维码是二维码技术在手机上的应用。手机二维码的应用有两种：主读与被读。所谓主读，就是使用者主动读取二维码，一般指手机安装扫码软件。被读就是指电子回执之类的应用，比如火车票、电影票、电子优惠券之类。

　　手机二维码可以印刷在报纸、杂志、广告、图书、包装以及个人名片等多种载体上，用户通过手机摄像头扫描二维码或输入二维码下面的号码、关键字即可实现快速手机上网，快速便捷地浏览网页，下载图文、音乐、视频，获取优惠券，参与抽奖，了解企业产品信息，而省去了在手机上输入网址（URL）的烦琐过程，实现一键上网。

　　同时，可以用手机识别和存储名片、自动输入短信，获取公共服务（如天气预报），实现电子地图查询定位、手机阅读等多种功能。随着 3G、4G 和 5G 时代的到来，二维码可以为网络浏览、下载、在线视频、网上购物、网上支付等提供方便的入口。

　　当智能手机安装了扫码软件后，就可以直接扫 APP 二维码下载，下载完成后点击"安装"，安装完成后就可以运行了。

第四章　智能手机的用途

从广义上说，智能手机除了通话功能外，还具备掌上电脑的大部分功能，特别是个人信息管理以及基于无线数据通信的浏览器和收发电子邮件功能。

智能手机为用户提供了足够的屏幕尺寸和带宽，既方便随身携带，又为软件运行和内容服务提供了广阔的舞台，很多增值业务可以就此展开，如股票、新闻、天气、交通、商品、应用程序下载、音乐图片下载等。

智能手机具备掌上电脑的功能，如 PIM（个人信息管理）、日程记事、任务安排、多媒体应用、网页浏览等。

智能手机具备一个具有开放性的操作系统，在它接入无线互联网后，在这个操作系统平台上，可以安装更多的应用程序，从而使智能手机的功能无限地得到扩充。

第一节　打电话

一、拨打已知号码

首先，找到如图 4-1 所示的"电话"图标，单击进入"电话"这个程序，进入程序之后，可见如图 4-2 所示画面。

使用图 4-3 中的号码盘即可输入您将要拨打的电话号码。在确认号码输入正确后，点击图 4-3 中话筒形状的按键，即可完成拨打。

图 4-1 "电话"图标

图 4-2 电话界面

二、接听电话

如图 4-4 所示，当对方打来电话时，通话的界面会自动出现。

被框起来的部分，有两个话筒图标。其中，将圆形图标按照箭头指示向下滑动，为接听；向上滑动，为拒绝接听；向右滑动则为拒接并发送短信告知原因（图 4-4 中为了保护当事人隐私，隐去了号码和照片）。

图 4-3　拨打电话　　　　图 4-4　通话界面

三、保存电话

依然使用刚才的例子，保存电话和拨打电话的初始步骤都是一样的，只是在输入电话号码之后，不点击拨号键（图 4-5）。

我们已经注意到其中有新建联系人和更新到已有联系人两个选项。按照字面的意思就可以理解，"新建联系人"意味着我们之前没有存过这个人的号码；"更新到已有联系人"则意味着我们之前已经保存过这个人的手机号，只是现在他换号了，或者是他又买了一部手机，现在要保存他的第二个号码。

两个过程都是相似的，下面我们以新建联系人为例，进行说明。

图 4-5 中，选择点击新建联系人后，会出现如图 4-6 一样的画面，这时候，编辑联系人的姓名，然后点击右下角的保存键，联系人就存下来了。

图 4-5　保存电话　　　　图 4-6　新建联系人

第二节　发送短信

在手机界面里选择"联系人"图标，点击进入联系人界面（图 4-7）。然后在联系人列表里上下滑动，直到找到联系人张三为止（图 4-8）。或者在右侧字母栏点击联系人姓氏拼音的首字母，就能够更快速地找到联系人。再点击联系人姓名，能看到话筒和消息气泡样式的按钮，点击消息气泡样式的按钮即可给他发送短信。

图 4-7　手机界面　　　　图 4-8　查找联系人

第三节　上网

一、4G 上网

在上网前，先确保您的手机号码开通了上网功能，同时上网的流量足够。

在手机的下拉菜单（就是从屏幕最上边的边缘手指向下滑动，拉下来的菜单）里，点选数据连接（有些其他的手机里会直接显示为4G），等待图标从灰色（表示网络关闭）变成彩色（表示网络开启）。

至此，手机就连接上了网络，您也就可以在网上冲浪了。

二、WiFi 上网

WiFi 即无线网络，通常家里的 WiFi 都是通过无线路由器把有线的宽带网转换为无线网而形成的。当手机连接 WiFi 时，同样进入下拉菜单，长按 WLAN（含义为无线局域网）图标，进入 WiFi 设置界面即可完成。

第四节　其他功能

一、显示和字体调整

在主界面（图4-9），进入了系统设置程序之中，上下滑动界面，就可以找到"显示"的位置，如图4-10所示，然后点击进入。

这时候，就可以看见亮度、字体大小、旋转屏幕等设置。

二、日期和时间设置

我们依旧是在手机的系统设置里，上下滑动，就可以看见日期和时间的设置（图4-11）。

图 4-9　主界面

图 4-10　显示

进入日期和时间的设置，看到的第一项是自动日期和时间

（图4-12），如果手机与互联网连接，就可以勾选这一项，手机会自动设定成网上的时间，这个时间最准。当然，如果手机没有和互联网连接，也可以自己设置。

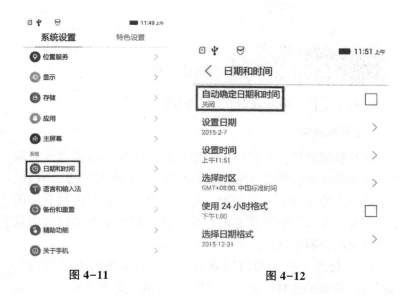

图 4-11　　　　　　　　　　　　图 4-12

第五章　智能手机应用软件与操作

第一节　查询信息

可利用手机、电脑获取新闻、知识、学习等信息。

一、获取新闻

在互联网时代，人们可以按照自己的喜好随时随地地获取世界各地的新闻。网络新闻突破了传统的新闻传播概念，在视、听、感方面给受众全新的体验。它将无序化的新闻进行有序的整合，并且大大压缩了信息的厚度，让人们在最短的时间内获得最有效的新闻信息。

（1）打开手机上的应用商店，在搜索框里输入"新闻"，选择一个喜欢的软件，点击"安装"按钮，安装完成以后，点击软件，进入主页面，这里以腾讯新闻极速版为例，显示如图5-1所示。

（2）点击右上角的"+"，选择自己喜欢的频道，点不喜欢的频道右上角的叉号，显示如图5-2所示。

（3）在最上面一行的标签里任选一个，如点击"美食"，在"美食"频道里选择一个新闻，点进去就可以看到新闻的具体内容，显示如图5-3所示。

二、学习

网络学习可以提供一种轻松自由的学习环境、学习方式和学习平台，可以利用时间和空间的优势，自我决定学习时间和地点，静下心来认真思考，仔细品味。网民可以通过互联网进行自由的学习，在手机端可以通过下载 APP 进行学习，在电脑端可以通过网页进行学习。在互联网进行学习的好处是时间灵活和内容全面。

图 5-1 腾讯新闻主界面　　图 5-2 选择自己喜欢的频道

（1）例如学习英语，可以在手机的应用商店的搜索框输入"英语"，选择一个合适的学习软件，进行下载安装。如选择"TED"，如图 5-4 所示。

韩国吃播：美女姐姐吃生蚝，大口的吃，吃的真得劲

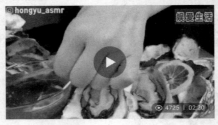

萌萌美食　1评　13分钟前　　　×

从吃鱼第一筷子夹的部位，就能看出人的"性格"，精明的人都夹这

小猪猪探美食　6评　28分钟前　　　×

它是糖尿病的"克星"，一周吃两次，降低血糖浓度，清肝去火

图 5-3　新闻的具体内容

（2）可以选择一个视频打开，显示如图 5-5 所示。可以通过点"▶I"快进视频，点击"♡"点赞视频。在这里可以锻炼自己的英语听说能力。

图 5-4　搜索软件　　　　图 5-5　打开视频

三、地图

现在，电子地图已经成为人们必不可少的一部分。电子地图可以对不熟悉的路线进行导航，可以查看拥堵情况，以便选择合适的路线。

（1）在手机的应用商店里搜索地图，选择一个自己喜欢的软件如百度地图，下载并安装，点进去显示如图 5-6 所示。

（2）点击左下角"定位"按钮，对手机的位置进行精确定位，并且可以显示拥堵情况。

（3）点击下方的"路线"，显示如图 5-7 所示。

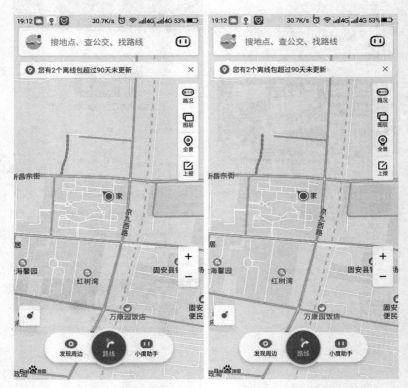

图 5-6　"百度地图"主界面　　图 5-7　点击下方的"路线"

（4）可以选择自己喜欢的出行方式，如步行等。在"输入终点"处输入终点位置，点击"确定"按钮，显示如图 5-8 所示。

（5）在地图给出的多种选择中选择适合自己的方案，进行导航。

图 5-8 选择自己喜欢的出行方式

第二节 阅读电子出版物

手机看电子出版物有两种方法，第一种是将电子书下载下来，放在手机内存或者 SD 卡中，使用图书阅读类的手机 APP 软件进行观看；另一种就是直接在线进行阅读。

一、使用手机阅读软件阅读

（1）下载电子出版物，并保存到手机内存或 SD 卡中。

（2）下载手机阅读软件，并安装。

（3）阅读电子出版物。

案例：

以 iReader 掌阅阅读器阅读《唐诗三百首》。

①下载《唐诗三百首》，并保存到手机。

小提示：

下载电子出版物的时候，最好选择文本文档（后缀是 . txt）的文件下载。文本文档占用的空间小，并且大多书的阅读软件都支持。若下载的是压缩文件（后缀是 . rar 或者 . zip），要把压缩文件解压缩后再拷贝到手机。

②选择手机应用商城，在搜索栏中输入"iReader"进行查找，然后点击"下载"，下载并安装，如图 5-9 所示。

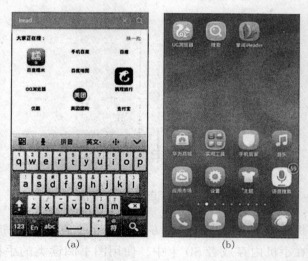

图 5-9 "iReader"的安装过程

③点击"文件管理"，点击"文档"，选择"本地"，在手机中查找刚才下载文件的位置，直接打开已下载的电子出版物进行阅读，如图 5-10 所示。

图 5-10　直接打开文件阅读

　　④或者，打开手机阅读软件，点击"+"，点击"本机导入"，查找手机目录，或者查看"智能导书"，选择所下载的电子出版物，点击"加入书架"，将图书导入，然后再进行阅读，如图 5-11 所示。

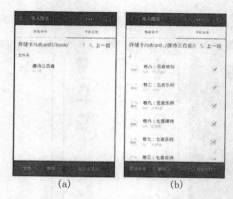

(a)   (b)

图 5-11　iReader 本机导入图书

二、直接在线阅读

（1）打开手机浏览器，在地址栏中输入网址或直接搜索关键字。

（2）选择电子读物，在线阅读。

案例：

以使用 UC 浏览器在线阅读《唐诗三百首》为例。

①打开 UC 浏览器，在地址栏中输入"唐诗三百首"点击搜索，如图 5-12 所示。

(a)   (b)   (c)

图 5-12　UC 浏览器搜索"唐诗三百首"

②在搜索结果中，选择一个合适的页面打开，在线阅读，如图 5-13 所示。

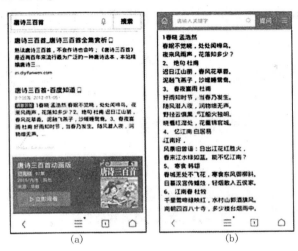

(a)　　　　　　　　　(b)

图 5-13　在线阅读"唐诗三百首"

第三节　收发电子邮件

现在有很多类型的邮箱，如 163 邮箱、126 邮箱、QQ 邮箱和新浪邮箱等，在这里以 QQ 邮箱为例。

（1）打开浏览器，在搜索框里输入 QQ 邮箱，在搜索结果中寻找带有"官网"字样的结果，点击"登录 QQ 邮箱"，进入 QQ 邮箱，如图 5-14 所示。

（2）利用 QQ 账号进行登录，如图 5-15 所示。

（3）点击"写信"，如图 5-16 所示。

（4）在收件人、主题和正文分别填写对应的内容，然后点击"发送"即可完成邮件的发送。

（5）点击第（2）步里的收件箱可以看到收到的邮件，显示如图 5-17 所示。

图 5-14　进入 QQ 邮箱的界面

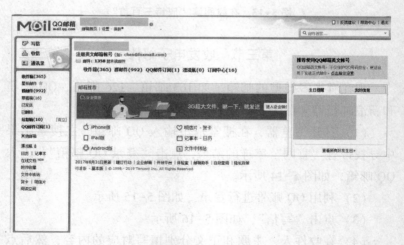

图 5-15　进行登录

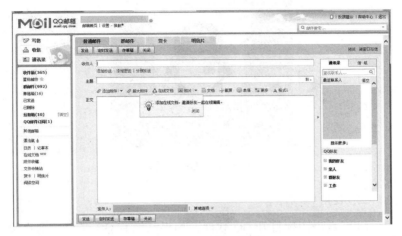

图 5-16　"写信"界面

图 5-17　收到的邮件

第四节　QQ

一、下载安装

通过手机上的应用商店或者浏览器搜索"QQ"，点击下载并安装，安装成功后可以在手机桌面上看见一个如图 5-18 所示的 QQ 图标。

图 5-18　QQ 图标

二、使用

（1）点击图标打开 QQ 软件，如果已经有 QQ 账户，则直接输入账号密码进入 QQ 主页面，如果是新用户，则点击"新用户注册"，由于现在的账号需要与手机号绑定，所以输入手机号码，并点击"下一步"，输入收到的验证码，填写一个喜欢的昵称，并点击注册。

（2）点击"登录"按钮，然后点击设置密码，并输入密码，然后点击"完成"，则完成了 QQ 的注册。

（3）加好友，点击右上角的"＋"号，如图 5-19 所示，点击"加好友/群"，如图 5-20 所示，填写您将要加的好友的 QQ 账号。

（4）点击最下面的"加好友"，添加好友时可能需要问题验证，输入答案，并填写备注和选择分组，然后点击右上角的"发送"，对方通过验证以后，则可以成为好友并添加到通讯录中。

（5）如需通过 QQ 联系好友，点击想要联系的好友，点击右下角"发消息"。在输入框内输入想要传达的内容，点击"发送"即可。

图 5-19　加好友　　　　图 5-20　填写您将要加的好友的 QQ 号

第五节　微信

一、下载安装

通过手机上的应用商店或者浏览器搜索"微信"，点击下载并安装，安装成功后可以在手机桌面上看见一个如图 5-21 所示的"微信"图标。

图 5-21　"微信"图标

二、使用

（1）点击图标打开微信软件，如果已经有微信账户，则点击登录，输入账号密码。如果是新用户，则点击"注册"，显示如图 5-22 所示。输入昵称、手机号和密码，点击"注册"，如图 5-23 所示，将接收到的验证码填写好。完成注册。

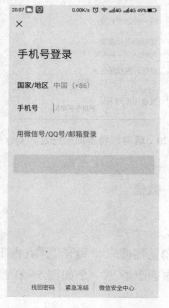

图 5-22　填入微信号　　　　图 5-23　输入手机号和密码

（2）如需添加微信好友，可以点击右上角的"＋"，如图 5-24所示。点击"添加朋友"，如图 5-25 所示。输入对方微信账号或者使用"扫一扫"扫描对方二维码名片，如图 5-26 所示。点击添加到通讯录，输入验证信息和权限信息，点击右上角的"发送"，等待对方验证通过。

（3）如需和对方通过微信聊天，选择需要联系的好友，在输入框内输入要传达的内容，点击"发送"即可。

图 5-24　添加微信好友

图 5-25　点击"添加朋友"

图 5-26　添加好友页面

第六节　微博

一、下载安装

通过手机上的应用商店或者浏览器搜索"微博"，点击下载并安装，安装成功后可以在手机桌面上看见一个如图 5-27 所示的"微博"图标。

图 5-27 "微博"图标

二、使用

（1）点击图标打开微博软件。

（2）如果已有微博账号，则点击右上角"登录"，输入账号密码进行登录。如果没有微博账号，则点击左上角"注册"。

（3）输入手机号，然后点击"注册"，如图 5-28 所示。

（4）输入手机接收到的验证码，点击"确定"，如图 5-29 所示。

图 5-28　输入手机号　　　图 5-29　输入手机接收到的验证码

（5）完善个人资料，在相应位置填写信息，点击"确定"，即完成了微博的注册，进入微博的主页面，在主页面可以看到关注的人发布的微博，如图5-30所示。

（6）点击最下面的"发现"，在"发现"里找自己感兴趣的人、事、物，如图5-31所示。

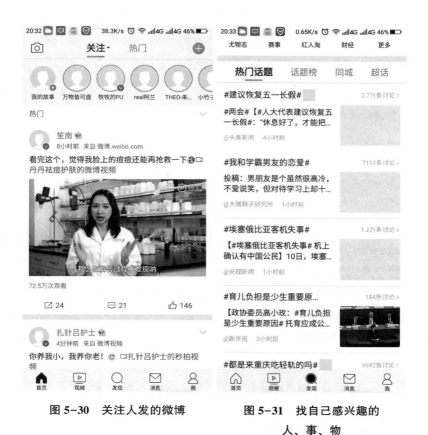

图5-30　关注人发的微博　　图5-31　找自己感兴趣的
人、事、物

（7）点击最上面的搜索框，可以看到热门新闻，如图5-32

所示。

（8）点击"发现"里的"找人"，如图 5-33 所示。

（9）在搜索框里输入对方昵称或者账号，点击"确定"，显示相关的搜索结果，如图 5-34 所示。

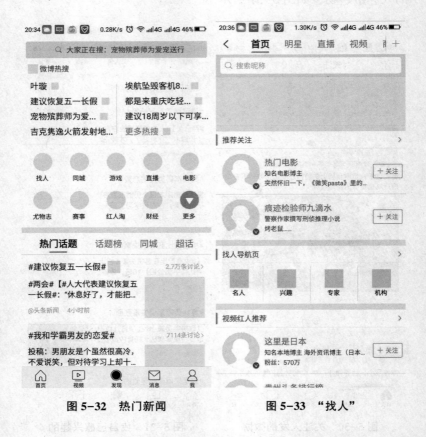

图 5-32　热门新闻　　　　　　图 5-33　"找人"

（10）找到感兴趣的人，点击"关注"后返回微博主页面，点击"我"，如图 5-35 所示，显示了自己的关注人数和粉丝人数，点开可以看到关注的人或者粉丝的具体信息。

图 5-34 显示相关的搜索结果　　图 5-35 点击"我"

（11）如想了解关注的人更多信息，点击头像进入主页，如图 5-36 所示。在这个页面可以看到他的主页面，了解更多关于他的信息，点击下面的"聊天"，则显示如图 5-37 所示的页面，在输入框输入信息，点击"发送"，即可完成。

图 5-36　进入主页　　　　　图 5-37　"聊天"界面

第七节　饮食应用

俗话说"民以食为天"，没有任何人会拒绝吃得更好、更健康、更实惠的饮食指南。以下两款手机软件可以让用户在吃得好的同时，还能吃得实惠，是饮食方面不错的手机软件。

一、随身菜谱

"网上厨房"是为用户提供菜谱分享、厨艺交流的美食社区。有数十万个美食菜谱供用户查阅，并且每日都有更新和推荐的菜谱。最关键的是，这些菜谱大多属于家常菜，好吃而不贵。

进入软件后，有"最近流行""最新菜谱"等板块供用户查看。这里以"最新菜谱"为例，为用户讲解查看菜谱的步骤。

（1）在软件主界面单击"最新菜谱"按钮，如图 5-38 所示。

（2）系统会显示其他用户最新上传的菜式，如图 5-39 所示。

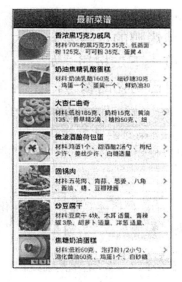

图5-38　单击"最新菜谱"按钮　　图5-39　最新菜谱页面

（3）单击任意菜谱即可查看详情，如图 5-40 所示。

（4）向上滑动手机屏幕即可查看该菜谱的原料、做法等信息，如图 5-41 所示。

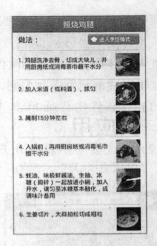

图 5-40　查看详情　　　　图 5-41　滑动屏幕

　　用户也可以发表自己做的菜，在主界面上单击"发表"按钮，并按照其流程操作即可。不过发表菜谱需要注册，用户也可以使用 QQ、腾讯微博账号进行登录。

　　二、挑选餐厅

　　"食神摇摇"是一款个性化餐厅推荐软件，可以帮助用户解决"吃什么""去哪里吃""贵不贵"的难题，具体使用方法如下。

　　（1）选择"附近""排行"等选项，如图 5-42 所示。

　　（2）单击"附近"按钮即可显示用户周围的餐厅，如图 5-43所示。

　　（3）单击"排行"按钮即可显示用户所在城市本周最受欢迎的餐厅，如图 5-44 所示。

　　（4）用户也可以在主界面摇一摇手机，系统会随机为用户找一家不错的餐厅，如图 5-45 所示。

图 5-42　软件主界面

图 5-43　显示周围的餐厅

图 5-44　显示本周最受欢迎的餐厅

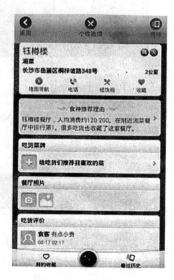

图 5-45　随机的餐厅

第八节 互联网上的其他生活服务

缴纳水费、电费、燃气费，支付旅行、医疗费用等生活常用网址，互联网上的其他生活服务等。

一、使用支付宝进行缴费

前提：拥有支付宝账户并且绑定相关银行卡，若无账号或者未绑定银行卡，请参照"支付宝使用方法"。

下面以支付宝手机端缴费操作进行介绍。

（1）点击手机桌面上的"支付宝"图标，进入支付宝首页，如图 5-46 所示。

（2）点击首页中部导航栏内的"更多"，进入全部应用界面，如图 5-47 所示。

图 5-46 支付宝首页

图 5-47 全部应用界面

（3）在全部应用界面中的"便民生活"部分找到"生活缴费"，点击后界面如图5-48所示。

（4）在图5-48界面，可以看见"水费""电费""燃气费"等基本生活缴费项目，这几项操作基本相同，下面以缴纳水费为例进行说明。

点击"水费"，界面显示如图5-49所示，界面右上角显示的是当前默认的城市："北京"，若要更换城市，点击"北京"，界面变换如图5-50所示，在该界面选择自己所在的城市，当前我选择的是"北京"，界面变换到自来水集团机构的选择页面。

图5-48 生活缴费　　　　　图5-49 水费的机构选择

选择合适的机构，界面变换如图 5-51 所示，在"客户编号"一栏，输入您的客户编号（若您不确定户号，则点击后方蓝色字样"获取户号"，会有提示告诉您如何操作）。输入正确的客户编号后，点击"下一步"，进行信息确认和缴费金额的填写即可。

图 5-50　选择自己所在的城市　　　图 5-51　输入您的客户编号

二、使用微信钱包进行缴费

前提：拥有微信账户并且绑定相关银行卡，若无账号或者未绑定银行卡，请参照"微信钱包使用方法"。

（1）打开微信，在页面下方的导航栏点击"我"，进入个人界面，如图 5-52 所示。

（2）在"我"页面，点击"支付"项，将会打开支付界面，如图 5-53 所示。

（3）点击界面中部的"生活缴费"，进入生活缴费界面，点击"是"。

图 5-52　个人界面　　　　　图 5-53　支付界面

（4）在该界面，可以看见"水费""电费""燃气费"等基本生活缴费项目，这几项操作基本相同，下面以缴纳电费为例进行说明。

界面左上角显示当前城市为"北京市",若需要更换城市,点击"北京市",界面如图 5-54 所示。

选择正确的城市,回到生活缴费页面,点击"电费",界面如图 5-55 所示。

在"用户编号"下方填上正确的用户编号,点击"查询账单",进行账单信息查询。后续按照页面说明操作即可。

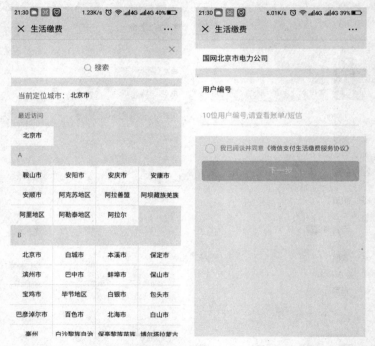

图 5-54　选择所在的城市　　　图 5-55　"电费"界面

三、使用互联网进行旅行购票

(1) 通过手机上的应用商店或者浏览器搜索"铁路12306",点击下载并安装,安装成功后可以在手机桌面上看见如图 5-56 所示的"中国铁路"图标。

图 5-56　"铁路 12306"图标

（2）点击图标打开"铁路 12306"软件，如图 5-57 所示。

（3）点击首页下方导航栏的"我的 12306"，如图 5-58 所示。

图 5-57　"铁路 12306"主界面

图 5-58　"我的 12306"界面

（4）如果已经有账户，则点击"登录"，界面如图 5-59 所示，输入用户名和密码，点击登录即可；否则，点击"注册"，界面如图 5-60 所示。

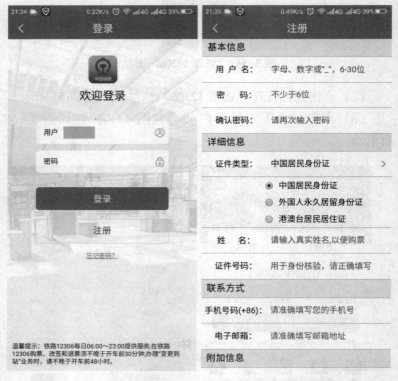

图 5-59　登录界面　　　　　图 5-60　"注册"界面

（5）完善注册界面所有的信息，完成注册，并进行登录，回到主页面，如图 5-61 所示。

（6）选择出行地和目的地，以及出发日期和出发时间，还有一些其他的限制因素，例如"席别"等，可以选择填写，点击查询后，界面如图 5-62 所示，选择合适的列车，点击进行购买即可。

图 5-61　搜索页面　　　　　　图 5-62　查询结果页面

四、使用互联网享受医疗服务

（一）使用支付宝享受医疗服务

前提：拥有支付宝账户并且绑定相关银行卡，若无账号或者未绑定银行卡，请参照"支付宝使用方法"。

（1）点击手机桌面上的"支付宝"图标，进入支付宝首页，如图 5-63 所示。

（2）点击首页中部导航栏内的"更多"，进入全部应用界面，如图 5-64 所示。

（3）在全部应用界面中的"便民生活"部分找到"医疗健康"，点击后界面如图5-65所示。

图5-63　支付宝首页　　　图5-64　全部应用界面

（4）在医疗健康界面，可以看到有很多服务，以常用的"挂号就诊"为例，点击后界面如图5-66所示。

（5）选择您要预约挂号的城市与医院，点击后界面如图5-67所示，您可以选择您需要的就诊服务，后续操作可能涉及个人信息，所以不详细介绍，您按照界面说明即可顺利完成。

图 5-65 "医疗健康"界面 图 5-66 "挂号就诊"界面

（二）使用微信享受医疗服务

前提：拥有微信账户并且绑定相关银行卡，若无账号或者未绑定银行卡，请参照"微信钱包使用方法"。

（1）打开微信，在页面下方的导航栏点击"我"，进入个人界面，如图 5-68 所示。

图 5-67 选择您要预约挂号的
城市与医院

图 5-68 个人界面

（2）在"我"页面，点击"支付"选项，将会打开"支付"界面，如图 5-69 所示。

（3）点击界面中部的"城市服务"，进入城市服务界面，如图 5-70 所示。

（4）可以点击"北京"字样更换城市，确认城市正确后，点击界面中的"挂号平台"，界面显示如图 5-71 所示。

（5）点击"腾讯健康挂号平台"，界面跳转如图 5-72

所示。

（6）选择想要预约挂号的医院。

（7）选择要预约挂号的科室，以及想要预约的时间和医生，后续操作可能涉及个人信息，所以不详细介绍，您按照界面说明即可顺利完成。

图 5-69 "支付"界面　　　　　图 5-70 城市服务界面

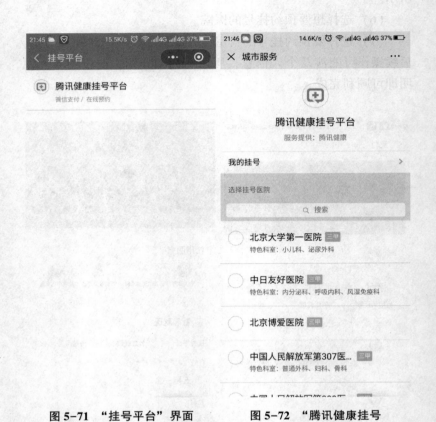

图 5-71 "挂号平台"界面　　　图 5-72 "腾讯健康挂号
平台"界面

第六章 智能手机在农民生产生活中的应用

第一节 浏览并搜索农业知识和信息

随着互联网的发展，各级政府发布的农业政策信息均在互联网上予以公布，其中最权威的网站，当属农业农村部官方网站。

在农业农村部官方网站，可以查询到农业农村部相关政策法规、规章制度、政令、监测预警信息、规划计划、农业统计数据、农业标准等。这些内容分别在网站主页的上方的栏目和中部的链接中有所体现。

同时，还可以灵活地使用右上角提供的搜索功能。例如，要搜索"一带一路"相关政策，在搜索框填写相关关键词，点击"搜索"按钮即可获得搜索结果。

农业农村部官方网站为一体的、全国各级政府农业网站联网运行的，是具有权威性和广泛影响的国家农业综合门户网站。作为中国政府农业官方网站，其对国内外的影响日益扩大，目前日均点击数为 340 万次左右。访问量较大的还有国内另一个常用的农业信息获取网站，即中国农业信息网，由农业农村部信息中心主办，1996 年建成。目前已经形成以 54 个精品频道、28 个专业网站以及各省市区农业类农业网站居首位，全球农业网站排名第二位。中国农业信息网的网址为 http://www.agri.cn/。

该网站的信息更加丰富，除了发布政策法规以外，还有丰富的农事农情信息、实用技术信息、市场经济信息、招商服务信息、农业新闻等。主要的板块包括农业全国信息联播、农业气象、灾害预警、土壤墒情监测、病虫害监测、遥感监测、价格行情、市场动态、供需形势、经济走势、招商引资、推介服务、批发市场价格数据、农产品供求信息、实用技术、农事指导、致富经验分享、名优产品推介等。各板块均在网站主页首部或中部可以找到链接。

农业农村部针对各种常见作物、牲畜品种建立了专门的网站，包括茶叶、花卉、水稻、玉米、大豆、马铃薯、羊、大蒜、香蕉等品种。这些网站的链接在中国农业信息网主页的首部能够获取到。一种品种的市场动态、种植加工技术、行业新闻、法规标准、展会信息等在该品种的专门网站上能够更详细地获取到。

另外，每个省级农业厅或农业委员会均建立了官方网站，内容包括省级农业部门的政务公开、政策法规、地方标准、规划计划、统计数据、公告公示、新闻等。

农业相关政府网站还包括各省级林业局、畜牧局等网站，各市县政府网站中的农业、林业、畜牧板块或市县农业局、林业局、畜牧局官方网站。

各专门行业主管部门也建立了相应的官方网站。由农业农村部种子管理局主办的种子管理局官网，网址为 http://www.zzj.moa.gov.cn/。该网站有种业相关政策法规、标准、产业分析、许可公示、品种公示、案件曝光、新闻等板块。

中国种业大数据平台包括数据查询、公共服务两个功能模块。

一、数据查询功能

数据查询功能包含 7 个业务模块。

（1）品种保护。可根据不同条件查询所有保护品种信息，包括申请保护品种、授权品种信息，可查询的信息包括申请公告详情、授权公告详情、审定/登记公告详情、生产经营许可信息、品种历年推广详情、品种性状描述、图片描述、DNA 描述详情。

（2）品种审定。可根据不同条件查询所有审定品种信息，包括品种审定公告详情、品种名称、生产经营许可详情、授权公告详情。

（3）品种登记。可根据不同条件查询所有登记品种信息，包括品种登记公告详情、品种生产经营许可详情、授权公告详情、该品种历年推广详情。

（4）品种推广。可查看全国良种推广汇总统计，也可根据不同条件查询所有品种推广信息。

（5）生产经营许可。可查询新生产经营许可证、生产许可证（旧）、经营许可证（旧）信息，可根据不同条件查询所有许可证信息，并可预览企业许可证。

（6）种子生产经营备案。可查询分支机构、委托代销、经营不分装备案信息，根据不同条件查询备案种子进口信息。可根据不同条件查询所有种子进口信息。

（7）种子出口。可根据不同条件查询所有种子出口信息。

二、公共服务功能

公共服务功能包含 6 个模块。

（1）检验机构。可根据条件查询全国种子检验机构信息。

（2）种子储备。可根据条件查询历年全国种子储备情况，包括审定/登记详情及承储企业生产经营许可详情。

（3）适宜品种。可根据条件查询适宜种植品种，输入地址、作物即可出现适宜种植品种。

（4）管理机构。可根据条件查询当地所属的管理机构联系方式、负责人、传真等信息。

（5）品种公示。可根据条件查找品种审定、品种登记公示信息。

（6）种子产业链。根据品种名称可看到品种全产业链信息。

由农业农村部农药检定所主办的中国农药信息网，网址为http：//www. chinapesticide. org. cn/。该网站有新闻动态、行业咨询、药情农情、行业数据、行业风采、期刊科普、服务平台等板块。特别是在数据中心板块，可以查询农药登记证信息、认证试验单位、田间试验审批、农药标签数据、农药残留限量、生产企业、农药有效成分等信息。

第二节　获取农业科技服务

互联网时代，能够很容易通过搜索引擎等手段在网络上获取各类农技知识。本章介绍两类较为正规的农业科技知识获取途径，供参考。

值得注意的是，农业技术的使用关系到作物、家禽家畜的健康，直接关系到产量和品质，对收入会产生较大影响，因此，在互联网平台查询到或搜索到的农业技术，包括本章推荐的平台和手机 APP，只能用作参考，并不能确保使用后一定会见效或不会产生危害。

一、农业技术推广网络平台

农业农村部全国农业技术推广服务中心建立了"全国农技推广网"，全国农技推广网网址为 https：//www. natesc. org. cn/sites/MainSite/。

该网站是全国农技推广的最权威平台，内容十分丰富。首页有农业技术推广的新闻动态，可分为作物栽培、作物种业、植物保护、土壤肥料等板块。同时，可以查询棉粮、蔬菜、瓜果、特种作物、设施农业、病虫害防治、测土施肥等方面的农业科技知识和技术。

该网站还分为新闻中心、植保资讯、农药药械、病虫测报、种业发展、种子质量、品种管理、粮食作物、节水农业等板块。例如，点击进入"病虫测报"板块，可以看到病虫害发生的全国预报，也可以分地区分省市查看当地的病虫害预报情况。各地农技推广部门也建立了相应的农技推广网站，可以利用搜索引擎搜索查询。

二、农业技术专家问答平台

利用互联网信息传播快速和范围广的特点，一种新型的农技服务模式——农技问答悄然兴起。下面介绍两个有代表性的手机 APP。

（一）农医生

农医生成立于 2014 年 12 月，是一款农业技术问答类 APP。农户可以免费在其手机应用上进行提问，吸引传统农药技术研究、推广、零售等从业人员回答，并且与科研院所合作外聘专家进行权威解答。目前每个问题的回答响应时间平均为 20 分钟，方便农户快捷获得所需的农药技术知识。农医生 2016 年主要进行手机应用装机推广，总装机量突破 700 万次，应用上认可专家数量 8 万人。农医生的网址为 http://www.nongyisheng.com/，网址上扫描二维码则可以下载手机 APP 进行安装。

农医生的使用十分便捷，主要功能为农技问答。点击网页的"注册"或点击手机 APP 中的"我"，通过手机号即可注册成功。注册成功后，可以点击"提问"发布问题，等待专家的回答。等待一段时间，建议半天以上，刷新界面，进入您的问题，可以看到专家对您问题的回答，农医生采用自动推荐专家的方式，因此，为了得到更准确的回答，建议用准确的词填写标题和问题，上传更多的清晰图片，准确选择作物和标签。

您也可以申请成为专家，需要填写个人信息并上传身份证，如果能上传一些资格证书，会对通过专家审核有所帮助。通过农医生的审核后，您便成为专家，可以回答问题了。

另外，农医生还有"致富经"板块，每天会发布 5 ~ 10 篇农业技术的重要新闻。另一个重要功能是"发现"中的"农查查"，可以通过登记证号查询农药，并从地图定位查询附近的农资店。

（二）农管家

农管家（老刀网）是另一款农业咨询类 APP，其核心是建立类似百科全书的庞大的农业科技知识库，用户咨询以搜索为主，问答为辅。已建立知识库涵盖 212 种作物 19 万张病虫草害高清图片，30 万个病害用药解决方案，10 万个施肥、栽培解决方案。同时，通过筛选整合，每天用户产生高清图片 500 张以上，专家产生技术方案 1 000 个以上。问答平台入驻全国农业技术专家 7 000 余位，平均 5 分钟内 3 个专家配方，专家每天在线平均时长 5 小时，种植者 90% 的问题获得解决。上线以来，下载用户 120 万，注册用户 11 万，取得了较好效果。农管家（老刀网）的网址为 http：//www. laodao. com。

点击上方的农管家图标，则可下载农管家 APP。

农管家 APP 的农技资讯较为丰富，分为植保、肥料及各种作物类，您也可以使用资讯搜索，搜索您感兴趣的资讯信息。

问答板块与农医生类似，点击右下角"问"字图标，则可以向专家提问，等待数分钟至半小时，就有专家回答。如果您觉得某位专家回答得很有帮助，可以给他送红包，对专家表示鼓励。

当您知道作物的病虫害情况时，可以通过农管家提供的工具进行查询，提供的查询方式分别为庄稼医院、真假查询、农药百科三类。

通过进入"庄稼医院"，您可以订阅您正在种植或关注的作物，以苹果为例，点击"苹果"，进入"苹果病害大全"页面，在这里，您可以查询苹果的病害、虫害、草害、土壤修复、施肥方案、生理胁迫、种苗大全、疑难杂症、缺素等信息。

点击进入"病害"，选择"轮纹病"，可以看到数十幅高清图片，介绍轮纹病的发病状态，左右滑动可以切换图片。配有文字描述的为害症状、发病规律及病害病原，向下滑动，会看到标准的施用药剂建议，以及专家提供的"我有绝活"栏目，可以帮助种植者对症下药。

进入"真假查询"板块，可以进行农药、肥料、微生物肥料、种子四项登记查询。进入"查询"页面，可以根据企业名称、有效成分、登记证号3种信息进行查询。

进入"农药百科"板块，可以看到杀虫剂、杀螺剂等10余种农药的列表。例如，点击进入"杀虫剂"，945种药剂分别根据病害名称和成分名称分别进行了分类，点击进入某一类病害名称，列出了针对该类病害的所有药剂，点击进入某类药剂，包含产品性能（用途）介绍、施用的注意事项、农药的中毒急救、生产厂家推荐等板块。

第三节　常用农业管理软件

农村互联网发展迅猛，6.88亿网民中农村网民占比为28.4%，规模达1.95亿人。移动带宽网络的覆盖、智能手机的普及和农民上网习惯的养成，为农村互联网的发展和爆发奠定了软硬件基础，农村互联网即将迎来高速发展的时期。我国农业互联网、物联网技术在农业领域的应用正在逐渐开发和推广，但是目前的农业手机应用软件存在功能结构单一的问题，没有实现互联网+农技服务、生产过程管理、电子台账、方案智能推送等功能融合，因此，互联网+农业关键技术和功能集成需要进一步完善和推广应用。

一、作业管理软件

2017 年 8 月 1 日起，新修订的《农药管理条例》5 个配套章程开始实施了，明确生产经营者对农药全程有效性负责，要求及时召回有严重危害或较大风险的农药，农药经营者应当具备可追溯电子信息码扫描识别设备和用于记载农药购进、储存、销售等电子台账的计算机管理系统。

上海劲牛信息技术有限公司开发的一款免费的农资店进销存管理系统，助力广大农资经营者积极响应国家的号召，有效推进新农药管理条例的规章制度。店管家移动 APP 端和 PC 端，以及基于移动互联网的农技问答互助社区和农产品种植记录的综合服务平台——田管家 APP。

店管家的基础功能：

（1）商品及客户管理。可以实现快速录入商品，实时了解商品库存及价格信息，便捷查询客户信息，客户欠款还款情况清楚明了，清晰查看客户账款明细。

（2）进销管理。10 秒快速记账，销售、进货、库存账目一目了然，支持规格拆分、多批次不同价格进货业务管理，精准利润核算。

（3）店员管理。支持添加店员账号，设置店员权限，实现多个店员管理店铺，同时店主端可统计店员的业绩，店员绩效明明白白。

（4）经营概况。实时了解店铺销售额及利润情况，促销活动想搞就搞，有效提升经营业绩。

（5）蓝牙打印。手机蓝牙打印，下乡卖货开小票，方便快捷。

（6）短信提醒。销售开单、客户还款、一键催款等短信通知让客户消费体验极大提升，节日祝福、活动通知群发短信方便快捷。

店管家使用灵活、数据安全性高，极大地降低了用户使用系统的门槛和成本，让农资店的管理和业务真正做到"随时、随地"对进销存流程的"可查、可控"，避免断货、产品过期等问题的发生，降低了门店的管理成本和风险，解决了人工核算手续烦琐的问题，告别了传统进销存复杂冗长的流程设计和烦琐的操作，大大提高了工作效率和管理效益。

店管家 APP，将传统的连线打印改为移动的无线蓝牙打印，给农资店主带来极大方便。店管家进销存功能全面，界面友好、操作简单。软件免费使用，尤其适合于广大没有电脑软件应用基础的商户，大大节省了农资零售单位信息化建设所必需的软、硬件成本。

店管家 APP，充分发挥电子账簿的智能算法优势，采用先进先出的会计准则进行记账和数据统计，结合支持批次进货的场景应用，精准核算每一笔销售业务的赢利情况，确保数据精准无误、利润实时呈现，为用户经营决策提供科学的数据支持。

二、园区经营管理软件

劲牛公司通过攻关大数据分析方法、算法构建和机器学习技术等，建立了互联网+农技服务的智能推荐模型。根据农户所在的不同区域、种植作物类型及病虫草害症状，运用大数据算法，通过智能推荐技术自动匹配最合适的农技服务专家，彻底颠覆传统线下仅依靠电话和熟人之间介绍的低效的农业科技服务，提供更加简便、高效的解决方案。农户可通过文字、图片一对一及时清晰地描述问题，专家能清楚快速了解问题并给出解决方案，解决了农业技术咨询的及时性、权威性、私密化问题。

通过便捷的移动互联网即智能手机构建农户与专家实时互动交流平台，农户与专家可以在线一对一请教及一对多互动交流，能有效解决当前农技专家数量不足、偏远地区交通不便，无法将农技服务高效地全面覆盖的难题。

田管家 APP 系统可采用智能手机移动端承载模式，根据时间轴，采用日志形式，按照 QACCP 管理规范，记录关于农产品的种植全过程，如作物的播种时间、地点、种植密度、出苗情况、不同生长阶段肥料农药用法用量、灌溉频率，以及成熟采收日期等。系统操作简单，记录方便（图 6-1），随做随记，便

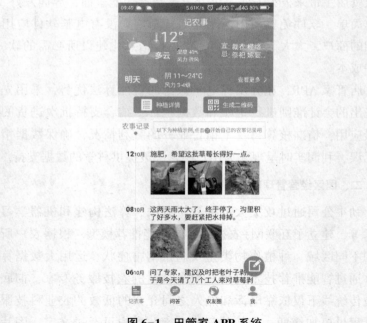

图 6-1　田管家 APP 系统

于农民操作。同时，将农作物从播种到采摘的全过程，集成到自动生成的二维码上，通过二维码让消费者与种植者建立了链接，实现了生产过程信息在种植户与消费者之间的高效共享，通过田管家生成的二维码，适配了包括微信扫一扫、主流手机浏览器等具备扫码功能的多终端自适应扫码访问，让农产品生产过程信息对消费者开放透明。承载种植全过程信息的二维码还可方便地通过朋友圈、微信好友、微博、QQ等分享出去。对种植者共享的信息，进行了实名认证和手机号验证，让种植者对自己的生产行为负责，如出现任何食品安全问题，有责任人可找，有据可循。

三、农场经营管理软件

农场管理面临的最大挑战是：管理对象分散、信息分散，数据滞后且不及时。北京奥科美技术服务公司构建基于云计算的现代化生产管理系统平台——义田农场云，主要目的是为农场提供服务式管理工具，核心理念是把农场管理孕育于农场服务过程当中。网址为 http：//www. acsm. cn/，主页如图 6 - 2 所示。

通过生产管理平台系统，实现农场对外数字化展示和对内智能化管理。基于资源管理、种植计划、农事管理、采后管理、质量追溯等方面的信息化管理，实时监测农场生产环境和情况，并提供实时数据统计分析，为农场科学决策提供数据支持。

主要功能模块有：

①基于卫星地图的数字化管理模块。地图功能主要是将农场的土地、设施等数字化，丈量土地、规划生产，将农场的整体状况展示在地图上，如功能区划分、设施环境情况，实时种植信息、室外气象监测站采集信息和视频监控信息，对农场当前整体运行情况有更为直观的了解。可详细查看种植品种信息、

图6-2 义田农场云

环境适宜度、该品种的预估产量等，使用者既可统揽全局，又可深入细节。

②生产计划管理模块。生产计划管理以种植时间条的方式形象地展示出不同年份、不同月份每种作物的种植情况，为管理人员提供种植生产计划的依据。

③实时监控模块。生长监控模块通过采集室外气象监测站及高清视频的数据，实时展示大田实况信息，包括空气、土壤等以及实时视频等，并可通过各种图表形式展现出来，为农场的种植生产管理提供实时有效的数据信息。

④专家服务模型库模块。模型库首页是系统所有作物品种模型分类列表，图片的亮度表示该品种是否被基地种植，单击某一品种时，展示该作物的基础信息、种植环境需求、品种信息以及每个品种的产量模型，以供用户安排生产与种植过程

参考。

⑤分析功能模块。系统平台可对各个数据进行统计和汇总，形成报表进行输出。汇总数据可对某一单项的数据信息进行集中汇总，汇总报表便于生产者发现数据变化的趋势和规律，可为种植生产中的经验总结和策略决策提供参考和累积的数据源。

⑥农场资源模块。农场资源模块包括对农场信息、人员管理、农机管理、地块信息进行统一的资源规划，并支持在地图上直接定位、描画、圈定数字农场，直观方便地获取农场资源信息，划分土地和温室等各种资源，并记录这些土地的使用情况和土壤检测记录。形成数字农场概念，通过农场云平台展现给每一层管理者，可为农场管理者提供农场的基础资源状况，让农场技术团队远程直观地掌握农场的实时情况。

⑦掌上农场。只要在智能移动设备上安装"掌上农场"手机客户端，就可随时随地实现对区域农场环境实时数据、视频实时数据的展示与查看，并可展示相关数据的统计和分析结果，指导种植管理者进行精准种植，使农场管理者通过智能手机随时随地获悉农场实时情况，不局限于工作场所的变化，并可随时解决农场种植遇到的问题。

利用智能化技术，建设一个服务于农场生产全过程的生产管理平台，帮助农场企业把农场资源数字化，指导建立合理生产计划，生产过程实时监控，专家远程分析指导，数据统计分析等。在应用服务过程中，系统收集农场数据，提高数据及时性和准确性，缩短管理流程，降低管理成本，提高管理实效。

第四节　休闲娱乐

一、游戏

游戏作为手机 APP 的一类重要软件，有很大的用户群体。

大部分人的手机上都装有游戏。各种游戏的规则都不一样，但总体上来说，在智能手机上玩游戏主要有以下步骤：

（1）下载并安装游戏软件。

（2）注册用户，登录游戏。

（3）按照游戏规则玩游戏。

二、在线视频

智能手机看在线视频有两种方式：一种是下载手机 APP 在线观看；另一种是直接输入网址，在线观看。

首先，下载视频软件。

其次，选择视频进行观看。

第七章　智能手机与农业电子商务

第一节　手机理财

一、手机银行

点开您要安装的银行官网；下载手机银行软件；安装软件；注册；您的银行卡号为账号，银行会发验证码给您的手机（验证码一般在 30 秒内有效），接收到验证码后立即填写，然后就可以设定密码 2 次；提交，待完成后就可以使用。

手机银行是银行开放的通过无线网络为客户办理银行业务的专业网络平台，银行所有的业务都可以通过手机操作完成。

进行账务查询：您可通过手机查询自己的银行账户余额及最近的历史交易情况。

缴纳费用：您可直接在手机上查询和缴纳手机话费等各类费用。

银行转账：您可通过手机进行资金转账，还可开通"外汇买卖""证券服务"等更多金融服务项目。

手机银行的系统采用严密的"双重保护"技术，所有数据全封闭传输，绝不外传。

具体业务种类和开放范围，请见相应银行的《手机银行手册》或向相关银行查询。

二、支付宝

使用 360 手机助手；下载支付宝软件；安装软件；注册；

您的手机会接收到验证码（验证码一般在 30 秒内有效），接收到验证码后立即填写，然后就可以设定密码 2 次；提交，待完成后就可以使用。支付宝需要绑定一张银行卡（图 7-1）。

图 7-1　支付宝

支付宝（中国）网络技术有限公司是国内领先的第三方支付平台，致力于提供"简单、安全、快速"的支付解决方案。

支付宝公司从 2004 年建立开始，始终以"信任"作为产品和服务的核心。旗下有"支付宝"与"支付宝钱包"两个独立品牌，目前已经成为全球最大的移动支付平台。

支付宝主要提供支付及理财服务，包括网购担保交易、网络支付、转账、信用卡还款、手机充值、水电煤缴费、个人理财等多个领域。在进入移动支付领域后，为零售百货、电影院线、连锁商超和出租车等多个行业提供服务。支付宝还推出了余额宝等理财服务。

支付宝与国内外 180 多家银行以及 VISA、MasterCard 国际组织等机构建立了战略合作关系，已成为金融机构在电子支付领域最为信任的合作伙伴。

支付宝官网为 https：//www. alipay. com/。

三、微信支付

微信支付是集成在微信客户端的支付功能，用户可以通过手机快速完成支付流程。微信支付以绑定银行卡的快捷支付为基础，向用户提供安全、快捷、高效的支付服务的平台（图 7-2）。

微信支付

图 7-2　微信支付

腾讯公司发布的腾讯手机管家 5.1 版本为微信支付打造了"手机管家软件锁"，在安全入口上独创了"微信支付加密"功能，大大提高了微信支付的安全性。用户只需在微信中关联一张银行卡，并完成身份认证，即可将装有微信 APP 的智能手机变成一个全能钱包，之后即可购买合作商户的商品及服务。用户在支付时只需在自己的智能手机上输入密码，不需任何刷卡步骤即可完成支付，整个过程简便流畅。

目前微信支付已实现刷卡支付、扫码支付、公众号支付、APP 支付，并提供企业红包、代金券、立减优惠等营销新工具，满足用户及商户的不同支付场景需求。

开通微信支付流程：

（1）首次使用，需用微信"扫一扫"扫描商品二维码。

（2）点击"立即购买"，首次使用会有微信安全支付弹层弹出。

（3）点击"立即支付"，提示添加银行卡。

（4）填写相关信息，验证手机号。

（5）2 次输入，完成设置支付密码。

微信支付（商户功能），是公众平台向有出售物品需求的公众号提供推广销售、支付收款、经营分析的整套解决方案。

微信支付公众号开通微信支付流程：

商户通过自定义菜单、关键字回复等方式向订阅用户推送商品消息，用户可在微信公众号中完成选购支付的流程。商户也可以将商品网页生成二维码，张贴在线下的场景，如车站和广告海报等处。用户扫描后可打开商品详情，在微信中直接购买。

第二节　在线购物

使用支付宝、微信钱包进行网上支付，购买生活用品时，购物流程如下：

（1）准备好网络支付使用哪种方式进行付款。

（2）确定购物网站，挑选对比产品。

（3）下单付款。

下文将介绍目前常见的网络支付手段，支付宝及微信钱包的使用方法。在此，以"淘宝网"作为实例，介绍挑选产品及下单付款的全过程。

一、支付宝使用方法

（1）通过手机上的应用商店或者浏览器搜索"支付宝"，点击下载或安装，安装成功后可以在手机桌面上看见一个如图 7-3 所示的图标。

（2）点击图标打开支付宝软件，显示如图 7-4 所示。

（3）如果已经有支付宝账户，则直接阅读到第 7 步，如果是新用户，则点击"新用户注册"，显示如图 7-5 所示。

支付宝

图 7-3 "支付宝"图标

图 7-4 点击图标打开支付宝软件　　　**图 7-5 新用户注册**

（4）点击"同意"。

（5）输入您的手机号，点击"注册"，会需要短暂的等待短信验证，手机随后会收到一条包含四位数验证码的短信，将验证码输入页面中。

（6）请按照页面上提示的密码设置要求，设置长度为 8～20 位不全是数字的密码，完成后点击"确定"按钮，进入支付宝首页如图 7-6 所示。

（7）如果已经有支付宝账户，则点击"登录"，并在出现的界面输入相应的账户和密码，点击"登录"，进入支付宝首页，至此，手机端支付宝安装、注册和登录的介绍结束。

图 7-6　进入支付宝首页　　　　图 7-7　"我的"界面

（8）若想使支付宝具有支付的功能，需要绑定银行卡，点击支付宝首页下方导航栏的"我的"，页面跳转至图 7-7，点击

"银行卡"进入页面，如果是新用户，需要绑定银行卡，点击页面右上角的"+"号，根据提示操作即可。

二、微信钱包使用方法

（1）打开微信，在页面下方的导航栏点击"我"，进入个人界面，如图 7-8 所示。

（2）在"我"页面，点击"支付"选项，将会打开"支付"界面，如图 7-9 所示。

图 7-8　个人界面　　　　图 7-9　"支付"界面

（3）在打开的页面上方有 2 个选项："收付款""钱包"，下面详细介绍这 2 个选项的内容及其功能。

点击"收付款"。对方可以通过扫描该页面的付款码来收钱，这种付款方式一般用于大型超市、商场或者连锁店，并且该付款方式无需输入付款密码就可以付款成功。该界面还有"二维码收款""群收款"和"面对面红包"选项，但是一般不用于购物，所以在此不介绍。按返回键退回"支付"界面。

点击"钱包"，在出现的界面中会显示您当前的零钱数额，您可以点击"充值"或者"提现"进行操作。点击"充值"，将会进入充值界面。

三、购买生活用品

以目前常用"淘宝网"为例，下面介绍如何在电脑上进行淘宝购物。

前提：需要支付宝账号，如果没有，请查看支付宝使用方法。

（1）在电脑搜索框输入网址 https：//www.taobao.com/，或使用搜索引擎如"百度"，搜索"淘宝"，在搜索结果中寻找如图所示的带有"官网"字样的结果，点击"淘宝网–淘！我喜欢（官网）"，进入淘宝官网。

（2）点击左上角的"登录"，进入界面如图7–10所示。

图7–10　"登录"界面

（3）点击界面右方扫码登录区域的右上角电脑图标，登录区域将变换为密码登录，如图 7-11 所示。

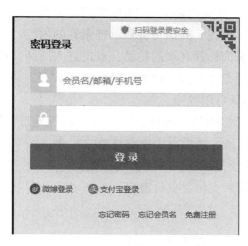

图 7-11　使用密码登录

（4）点击"支付宝登录"，进入支付宝登录界面，如图 7-12 所示。

图 7-12　支付宝登录界面

（5）输入您的支付宝账户和密码，点击"登录"，进入淘宝网首页。

（6）在搜索框内输入您想购买的商品名称，如"种子"，点击"搜索"按钮，界面将会显示搜索到的内容。

（7）在页面选择喜欢的物品，点击进入商品详情页面。

（8）选择您想购买的颜色分类以及数量，点击"立即购买"，进入确认订单界面。

（9）选择您的收货地址，要是没有收货地址，则完善一个真实的收货地址，然后点击提交订单。

（10）提交订单后，页面会跳转至支付界面，选择合适的付款方式，并输入支付宝支付密码，点击"确认付款"，商品购买成功。

第三节　农产品手机电商

一、农产品网购流程

农产品网购是指在互联网电子商务平台上，进行农产品的购买及支付费用。在我国电子商务发展中，大多数农产品电子商务平台主要为用户提供网络购买业务，同时在农村以代购业务的形式促进农产品电子商务的普及与推广。

农村农产品网购基本流程：

（1）开通网上银行。任何一家银行都有办理，先去银行办理可以网上交费、网上交易、网上购物等功能的银行卡，银行会给予一个设备（如K宝、动态口令卡等），然后用电脑激活网上银行功能（详细步骤银行会给予指导）（以农业银行为例，见图7-13）。

（2）注册账户。开通网上银行后，就到任意一家农产品网络平台注册账户，目前常用农产品以及其他商品网上购物平台

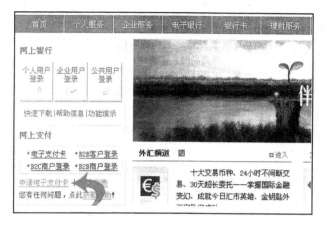

图7-13　开通网上银行

有淘宝网、京东网等。大多数网站要求用真实姓名和身份证等有效证件注册。

（3）开通支付宝，支付宝致力于为中国电子商务提供各种安全、方便、个性化的在线支付解决方案。以淘宝网为例，淘宝网上支付宝是作为第三方支付平台（需注册账号）。意思是当购买者购物付款时将钱付给支付宝，而不是直接支付给卖家，只有当购买者收到货后或到规定时间才把钱从支付宝转给卖家，激活支付宝即可。

（4）为支付宝转账。有了支付宝账户和网上银行账户后，用户可以把银行的钱转到支付宝中，为购买商品做好准备。

（5）搜索商品。一般购物网站都会把商品称为宝贝，因此当购买者登录到购物网站在选择商品时，需要注意的是，要找信誉高的卖家，不仅仅看卖家是几个钻几个星，也要仔细看货品购买的评价，选好货品后可以看该卖家的信用评价，同时注意产品后是否有带有"如实描述""七天退货"等字眼，保障购买货品的各项后续服务。

（6）购买商品。选择好商品后，可以先向卖家询问商品详情与价格，确定好价格后点击"立即购买"键，进入付款界面，填写收货详细信息，可事先与卖家沟通好选择的物流方式（平邮、EMS、各类快递），确认选择的物流方式可以送达手中。填完具体资料后，点击"用网银支付"或"用信用卡"支付，然后选择购买者银行卡对应的银行，然后进入付款界面，输入银行卡号，显示的如果是购买者的账户名就证明卡号没有输入错误。这时的付款就是将钱付给支付宝，不是给卖家。建议付款的时候用支付宝，为保证支付安全，等货品到手后再确认付款。

（7）确认收货，见图 7-14。购买商品点击支付后，购买者就将钱付给了网站，直到购买者确认收到货品且不退换后，再点击"确认收货"，才把钱转给卖家。这就算完成一次网购。

图 7-14　确认收货

二、农产品网店开设

现有的农产品电子商务模式包括 B2B、B2C、C2C、O2 等，尤其是 B2C 与 C2C 模式直接面对消费者，属于网络零售，依附购物平台，通过建立网店进行农产品零售的形式更为大众化，网店经营者可以充分利用平台已有的客户资源、商业资源进行产品推广和销售，第三方购物平台对商户进行统一管理，使交易过程更为安全可靠，因此，受到中小农产品经营者和消费者的青睐。

就农产品营销方式来说，购物平台农产品营销方式更为丰富，网站除为卖家提供传统的节日促销、店铺推荐等多种营销方式外，也相继推出不同的营销方式，兴起了不同的营销模式，促进农产品电子商务的发展，主要模式如下：

F2O（Focus to Online）模式，即"焦点事件+电子商务"，焦点事件在电视等媒体形成扩散效应，电商平台迅速推出相应产品（如美食、服饰等），满足瞬间激增的新需求，从而进一步推动热点事件的升温，形成媒体和电子商务的良性互动。2012年《舌尖上的中国》播出时，地方美食快速成为焦点，消费者在电视媒体的刺激下，引发购美食热。此前冷门的地方特产销售量迅速增长，阿里平台上，云南诺邓火腿在纪录片播出后5天内，成交量增加了4.5倍。不仅提高了网店收入，还提升了网店的知名度和口碑，为网店进一步的营销推广提供了条件。

预售模式，此类销售模式适用于生鲜农产品，很多网站平台已经通过与农业合作社、农场建立合作关系，采用预售模式为农业生产者提供销售渠道。其交易流程是在生鲜农产品尚未收获的时候，就提前在网上进行售卖，收集完订单后，生产地的农民才开始根据订单需求采摘并安排发货，将农产品运送到消费者手中。预售模式将原产地生产者和消费者直接联系到了一起，产地实现按需供应，减少了中间环节，降低农产品的库存风险、生产成本。

开店基础操作，分为账号注册、开店认证、了解交易流程三大部分。

三、账号注册

账号注册入口在淘宝网首页左上角，有"免费注册"入口。正式注册时会有一个注册协议，如图 7-15 所示。

单击"同意协议"按钮，用户可以选择通过手机验证和邮箱验证，淘宝会默认优先选择手机认证。

图 7-15　注册协议

验证完毕后需要填写账户信息，设置用户名和密码。注意，所设置的账号将会与支付宝直接绑定，登录密码可用于登录支付宝，如图 7-16 所示。

四、开店认证

开店分淘宝开店和天猫开店两大类。

其中，淘宝开店有个人店铺和企业店铺。

天猫开店有专营店、专卖店和旗舰店。

淘宝与天猫一共为两大类五小类店铺。

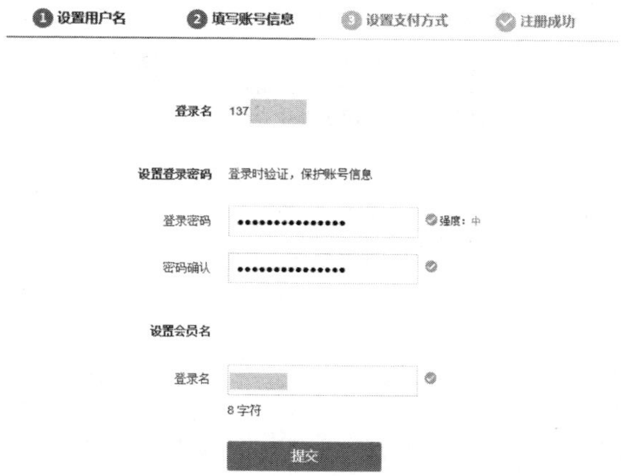

❶ 设置用户名　　❷ 填写账号信息　　③ 设置支付方式　　✅ 注册成功

登录名　137▢▢▢▢▢

设置登录密码　登录时验证，保护账号信息

登录密码　●●●●●●●●●●●●●　✅强度：中

密码确认　●●●●●●●●●●●●●　✅

设置会员名

登录名　▢▢▢▢▢▢　✅

8字符

提交

图 7-16　填写账户信息

在开店之前，必须先将支付宝实名认证流程走完。在支付宝实名认证之后，淘宝用户可以选择是个人店铺还是企业店铺，如图 7-17 所示。

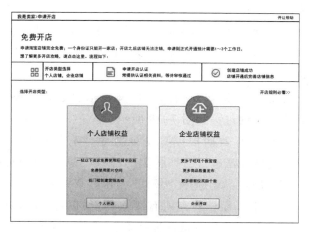

图 7-17　淘宝店铺选择

（一）个人店铺开店

单击"个人店铺（集市店铺）开店"按钮，会进入下一个审核界面，系统将审核用户的开店条件，如图 7-18 所示。

图 7-18　开店认证

淘宝开店要进行身份验证。对于身份证照片的拍摄，需要特别注意以下几点。

（1）身份证正面照要求如下：证件的头像要清晰，身份证号码清楚、可辨认；必须和手持身份证为同一身份证；要求原图，无修改。

（2）手持身份证照片内的证件文字信息必须完整、清晰，否则认证将无法通过，如图 7-19 所示。

（3）身份证有效期根据身份证背面"有效期限"准确填写，否则认证将无法通过，如图 7-20 所示。身份证背面的有效期不是长期的用户不要选择"长期"，否则审核无法通过。

（4）在以下页面填写完所有所需的资料后，单击页面下方的"提交"按钮，然后等待认证结果。淘宝网会在 48 小时内为用户完成认证，如图 7-21 所示。

图 7-19　拍照示例

图 7-20　日期示例

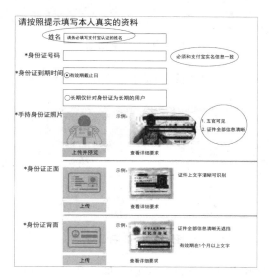

图 7-21　认证界面

（二）企业店铺开店

申请支付宝实名认证（公司类型）服务的用户应向支付宝公司提供以下资料。

以法人名义申请认证：应提供营业执照、法人身份证件（或身份证件复印件/盖有公司公章）、银行对公账户。

（1）打开 https：//auth. alipay. com，登录支付宝账户，单击"免费注册"，如图 7-22 所示。

图 7-22　实名申请

（2）单击"立即认证"按钮，如图 7-23 所示。

图 7-23　实名认证

（3）单击"开始认证"按钮，如图 7-24 所示。

（4）填写企业的基本信息和法人信息，如图 7-25 所示；

图 7-24　开始认证

"商家认证公司名称"一栏不支持填写中间的"？"（温馨提示：
手机号码仅支持 11 位数字，且以 13/14/15/18 开头）。

图 7-25　填写信息

（5）核对填写无误后，单击"确定"按钮，如图 7-26 所示。

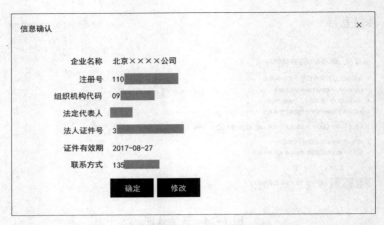

图 7-26　单击"确定"按钮

（6）上传营业执照图片和法人证件图片，如图 7-27 所示。

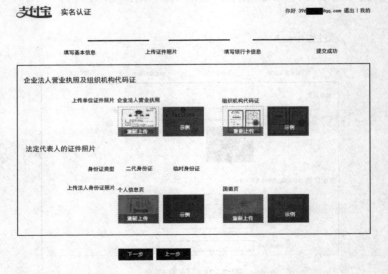

图 7-27　上传营业执照和法人证件图片

（7）填写对公银行账户信息，如图 7-28 所示。

图7-28　填写银行账户

（8）银行卡填写成功，等待人工审核（温馨提醒：须等待人工审核成功后给对公账户开始汇款；若审核不成功，则无法汇款），如图7-29所示。

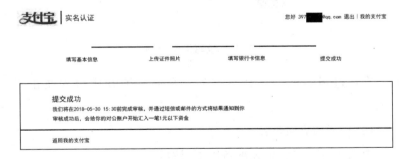

图7-29　提交成功（一）

（9）人工审核成功后，等待银行卡给公司的对公银行账户打款，如图7-30所示。

（10）填写汇款金额，如图7-31所示。

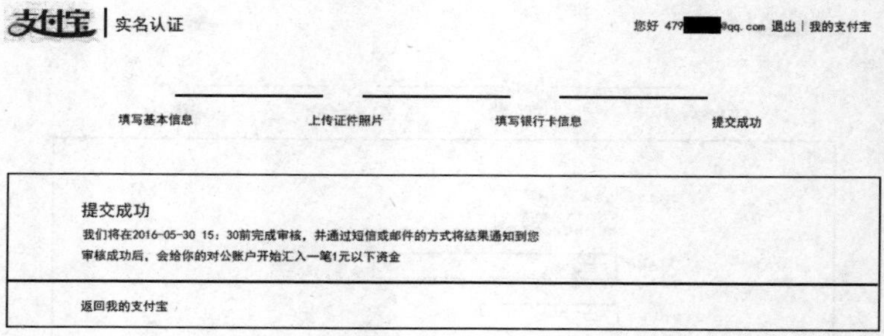

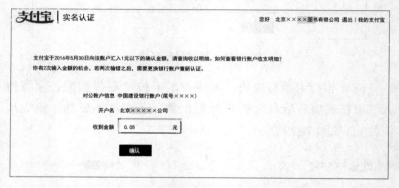

图 7-30 提交成功（二）

图 7-31 填写汇款金额

　　在通过最后的实名认证之后，企业店铺开店流程便正式走完。

（三）天猫店铺开店

　　申请入驻天猫，请先准备以下材料：

　　支付宝企业认证需要的材料：营业执照影印件、对公银行账户（可以是基本用户或一般用户）、法定代表人的身份证影印件（正反面扫描件）。

　　如果是代理人，则除了以上的材料，还需要用户的身份证影印件（正反面）及企业委托书。必须盖有公司公章或者财务专用章，不能是合同/业务专用章。

开始正式注册流程，操作如下：

（1）单击"商家入驻"按钮，如图7-32所示。

图7-32 商家入驻

（2）注册一个企业支付宝账号。以上材料要先准备好，下一步才能继续操作，并要满足企业实名认证需要，如图7-33所示。

图7-33 选择企业账户

（3）确定好天猫店的定位，比如旗舰店、专卖店或者专营店，如图7-34所示。

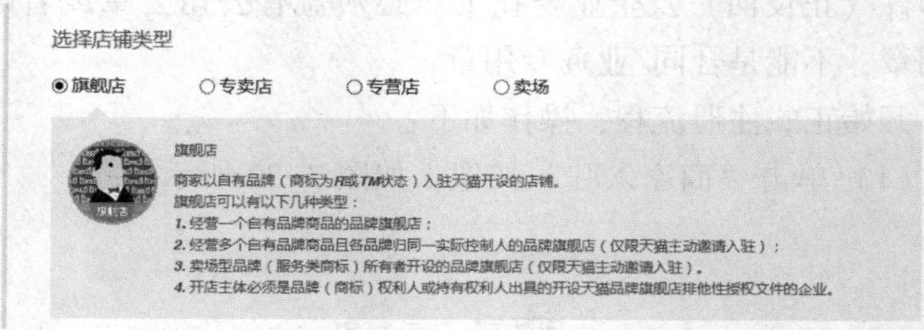

选择店铺类型

◉ 旗舰店　　○ 专卖店　　○ 专营店　　○ 卖场

旗舰店
商家以自有品牌（商标为R或TM状态）入驻天猫开设的店铺。
旗舰店可以有以下几种类型：
1. 经营一个自有品牌商品的品牌旗舰店；
2. 经营多个自有品牌商品且各品牌归同一实际控制人的品牌旗舰店（仅限天猫主动邀请入驻）；
3. 卖场型品牌（服务类商标）所有者开设的品牌旗舰店（仅限天猫主动邀请入驻）。
4. 开店主体必须是品牌（商标）权利人或持有权利人出具的开设天猫品牌旗舰店排他性授权文件的企业。

图 7-34　选择哪种天猫店

（4）确定是哪个资质后，准备好资质认证所需要的材料，如图 7-35 所示。

旗舰店
商家以自有品牌（商标为 R 或 TM 状态）入驻天猫开设的店铺。
旗舰店可以有以下几种类型：
1. 经营一个自有品牌商品的品牌旗舰店；
2. 经营多个自有品牌商品且各品牌归同一实际控制人的品牌旗舰店（仅限天猫主动邀请入驻）；
3. 卖场型品牌（服务类商标）所有者开设的品牌旗舰店（仅限天猫主动邀请入驻）。
开店主体必须是品牌（商标）权利人或持有权利人出具的开设天猫品牌旗舰店排他性授权文件的企业。

专卖店
商家持品牌授权文件在天猫开设的店铺。
专卖店有以下几种类型：
1. 经营一个授权销售品牌商品的专卖店；
2. 经营多个授权销售品牌的商品且各品牌归同一实际控制人的专卖店（仅限天猫主动邀请入驻）。
品牌（商标）权利人出具的授权文件不得有地域限制，且授权有效期不得早于 2012 年 12 月 31 日。

专营店
经营天猫同一招商大类下两个及以上品牌商品的店铺。
专营店有以下几种类型：
1. 经营两个及以上他人品牌商品的专营店；
2. 既经营他人品牌商品又经营自有品牌商品的专营店；
3. 经营两个及以上自有品牌商品的专营店。

图 7-35　天猫店所需的资质

（5）开始申请入驻天猫。填写申请信息，提交资质，选择店铺名和域名，在线签署服务协议，等待审核：天猫7个工作日内会给出审核结果。审核通过后还需要办理后续手续：签署支付宝代扣协议、考试、补全商家档案，冻结保证金，缴纳技术服务年费。之后可以发布商品，店铺上线，如图7-36所示。

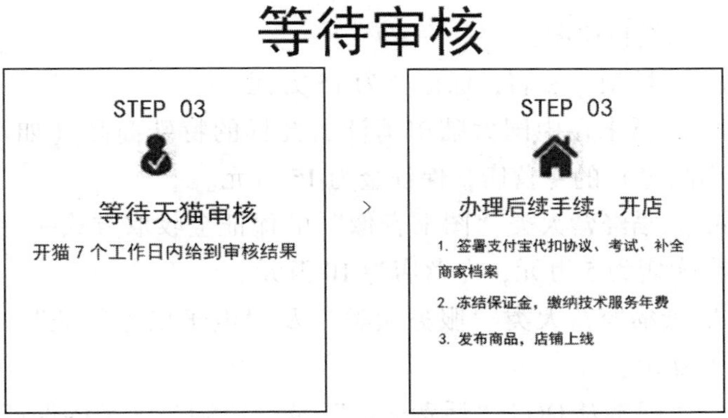

等待审核

STEP 03

等待天猫审核

开猫7个工作日内给到审核结果

STEP 03

办理后续手续，开店

1. 签署支付宝代扣协议、考试、补全商家档案

2. 冻结保证金，缴纳技术服务年费

3. 发布商品，店铺上线

图7-36　等待审核

（6）审核通过后，需要缴纳店铺保证金与技术服务费。天猫经营必须缴纳保证金，保证金主要用于保证商家按照天猫的规范进行经营，并且在商家有违规行为时，根据《天猫服务协议》及相关规则规定用于向天猫及消费者支付违约金。保证金根据店铺性质及商标状态不同，金额分为5万元、10万元、15万元3档。

①技术服务费年费。商家在天猫经营必须缴纳年费。年费金额以一级类目为参照，分为3万元或6万元两档，各一级类目对应的年费标准详见《天猫2016年度各类目技术服务费年费一览表》。

②实时划扣技术服务费。商家在天猫经营需要按照其销售额（不包含运费）的一定百分比（简称"费率"）缴纳技术服务费。天猫各类目技术服务费费率标准详见《天猫 2016 年度各类目技术服务费年费一览表》。

③保证金。品牌旗舰店、专卖店：带有 TM 商标的为 10 万元，全部为 R 商标的为 5 万元；专营店：带有 TM 商标的为 15 万元，全部为 R 商标的为 10 万元。

特殊类目说明：

a. 卖场型旗舰店，保证金为 15 万元。

b. 经营未在中国大陆申请注册商标的特殊商品（如水果、进口商品等）的专营店，保证金为 15 万元。

c. 天猫经营大类"图书音像"的保证金收取方式——旗舰店、专卖店为 5 万元，专营店为 10 万元。

d. 天猫经营大类"服务大类"及"电子票务凭证"，保证金为 1 万元。

e. "网游及 QQ""话费通信"及"旅游"大类的保证金为 1 万元。

f. 天猫经营大类"医药、医疗服务"，保证金为 30 万元。

g. 天猫经营大类"汽车及配件"下的一级类目"新车/二手车"，保证金为 10 万元。

天猫经营大类包含的一级类目详情请参考《天猫经营大类一览表》。保证金不足额时，商家需要在 15 日内补足余额；逾期未补足的，天猫将对商家店铺进行监管，直至补足。

④年费返还。为鼓励商家提高服务质量和壮大经营规模，天猫将向商家有条件地返还技术服务费年费。返还方式参照店铺评分（DSR）和年销售额（不包含运费）两项指标。返还的比例为 50% 和 100% 两档。具体标准为协议期间（包括期间内到期终止和未到期终止；实际经营期间未满一年的，以实际经营

期间为准）内 DSR 平均不低于 4.6 分；且满足《天猫 2016 年度各类目技术服务费年费一览表》中技术服务费年费金额及各档返还比例对应的年销售额（协议有效期跨自然年的，则非 2016 年的销售额不包含在年销售额内）。年费返还按照 2016 年内实际经营期间进行计算。

年销售额是指，在协议有效期内，商家所有交易状态为"交易成功"的订单金额总和。该金额中不含运费，亦不包含因维权、售后等原因导致的失败交易金额。

⑤年费结算。因违规行为或资质造假被清退的不返还年费。

根据协议通知对方终止协议、试运营期间被清退的，将全年年费返还、均摊至自然月，按照实际经营期间来计算具体应当返还的年费。

如商家与天猫的协议有效期起始时间均在 2016 年内的，则入驻第一个月免当月年费，计算返年费的年销售额则从商家开店第一天开始累计；如商家与天猫的协议有效期跨自然年的，则非 2016 年的销售额不包含在年销售额内。

非 2016 年的销售额是，"交易成功"状态的时间点不在 2016 自然年度内的订单金额。

年费的返还结算在协议终止后进行。

"新车/二手车"类目，技术服务年费按照商户签署的《天猫服务协议》执行。

（四）手机店铺开店

在用户开设好淘宝店铺或者天猫店铺后，淘宝后台会帮用户自动生成手机店铺。在淘宝 APP 或者天猫 APP 中就可以查看到自己的手机端店铺了。

如果要进行装修，则请单击后台"我是卖家"，选择"店铺管理"，再选择"手机淘宝店铺"，之后到后台选择"一阳指"，即可对手机端店铺进行装修了。

五、了解交易流程

在淘宝网购买商品是支持支付宝交易的，用户可放心购买。具体流程简单分为以下四步（不区分境内、境外）。

第一步：拍下宝贝。

第二步：付款（此付款动作是把钱付到支付宝）。

第三步：等待卖家发货。

第四步：确认收货（此动作是在收到货没有问题的情况下，把之前支付到支付宝的钱打款给卖家）。

具体操作步骤如下：

（1）在购买前如对商品信息有任何疑问，则请先通过阿里旺旺聊天工具联系卖家咨询，确认无误后，再单击"立刻购买"按钮。

（2）确认收货地址、购买数量、运送方式等要素，单击"确认无误，购买"按钮。

（3）用户可进入"我的淘宝"→"我是买家"→"已买到的宝贝"页面查找到对应的交易记录，交易状态显示"等待买家付款"。在该状态下卖家可以修改交易价格，待交易付款金额确认无误后，单击"付款"按钮。

（4）进入付款页面。付款成功后，交易状态显示为"买家已付款"，需要等待卖家发货。

（5）待卖家发货后，交易状态更改为"卖家已发货"。待用户收到货确认无误后，单击"确认收货"按钮。

（6）输入支付宝账户支付密码，单击"确定"按钮。交易状态显示为"交易成功"，说明交易已完成。

第四节　智能手机开微店

一、开微店的准备工作

（一）准备好售卖的商品

选定了微店 APP 之后，不要着急着注册。注册之后，店铺就开张了，因此在注册（开张）之前，想好是开个人微店或者企业微店。

个人微店是用个人身份证、银行卡认证。

企业店需要工商营业执照，对公账号。

最好先准备好售卖的商品，售卖商品的选择，对于微店的生存与发展至关重要。下面，介绍一下选择商品的六大原则。各位跃跃欲试的准店主，先"涨知识"再谈赚钱。

1. 商品与目标客户匹配

微店开起来之后，很可能会出现这种情况：当你"众里寻他千百度"，终于找到了一款中意的商品并以最快速度上架，然后怀着激动的心情等待日进斗金时，却发现一个星期过去了，一个月过去了，商品没卖出去几件。

造成这种状况的原因，可能与商品本身有关，比如质量不过关、价格不公道等，但更大的可能是店主没有把自己的资源与商品进行有效匹配。

您的朋友圈子——包括微信、QQ 等好友，大致是一群什么属性的人，您的商品就应该围绕这些人的需求去设计。当然，您也可以先找准商品，再有目的地去开发对这类商品有需求的客户群，只是要在营销上多下点功夫。

无论如何，商品一定要与目标客户匹配。不要去做"把冰箱卖给爱斯基摩人"的傻事，那只是一些营销培训师的臆想和噱头。

2. 选择当季商品

所谓选择当季商品，就是说要顺应消费者的需求变化。如果天空飘起了雪花，还有人在销售超短裙，那么这家微店就离关门不远了。

当消费者的需求随着各种主观或客观的因素发生变化时，店主一定要把握住时机，对商品进行相应的调整与更换，这样才能让微店受到持续关注。

3. 选择热卖商品

相对于一般商品，热卖商品更能吸引眼球，也能给微店带来更多的人气与销售额。所以选择热卖商品是一个不错的主意。

在选择热卖商品时，对进入的时机和未来的市场变化趋势要有一个清醒的认识。如果时机选择不当（比如市场已经趋于饱和），或者对市场预期不准（比如行情出现滑落），很可能会遭遇失利。

4. 避免商品的多样性

在选择售卖商品的时候，部分店主或许会这样想：销售的商品种类越多，客流量就会越大，营业额也会越高。这是微店经营中的认识误区。

微店不同于实体的超市，商品越全，对顾客越有吸引力。实践证明，集中一种单品进行销售的微店，其业绩要比那些销售商品种类繁多的微店高很多。

造成这种差异的原因在于：微店的商品种类太多会分散经营者的精力，店主难以保证在售商品的性价比；待客服务也因为自己不专业（种类太多，记不下来），很难做到有效推荐。

微店的核心竞争力在于"小而专，小而精"，在于拥有一群铁杆粉丝。

5. 选择性价比高的商品

相信大家都听过"性价比"这个商业名词，商品的质量除以价格即为性价比。当然，质量没有一个精确量化的数字，只能是一个估摸数。

质量的分子越大，或价格的分母越小，该商品的性价比就越高，越容易受到消费者的欢迎。反之，性价比低的商品，相对会滞销。

性价比的高低，是店主在选择商品时必须慎重考虑的一个问题。比如，同样一件商品，在质量差异不大的情况下，当然要选择价格更便宜的那一种。

6. 理想的利润空间

开店的目的当然是赚钱，所以利润空间是必须考虑的。一般来说，微店的利润率若不超过30%，生意就很难有理想的回报。

所谓利润率，其计算公式为：利润÷成本×100% = 利润率。根据笔者的调查，微店商品的利润率普遍高于30%。特别是化妆品，利润率在80%~120%。

但利润率与利润不能画等号。因为对顾客来说，涉及性价比的考量。利润率太高，往往意味着顾客的性价比低。性价比低，商品自然走不动。

光有高利润率而没有销量，再高的利润率也是白搭。因此在薄利多销与厚利少销之间，要尽量做到一个平衡。

综合考量以上六点之后，相信您做出的决策会更加理性与科学。

（二）四项准备工作

凡事都不能打无准备之仗。下面是注册微店之前的准备工作汇总。对照一下，您是不是已经万事俱备了？

1. 明确售卖商品

这个问题在上节已经详细阐述，在此不再赘言。总之，选定售卖商品是在开店之前必须确定的事情。当然，要做好这件事，必须经过细致的市场调研，同时还要根据自己的资源来选择。

2. 准备一部智能手机

开实体店需要商铺，开淘宝需要电脑，而开微店只要有一部智能手机就可以了，这也是微店之所以"微"的主要原因。

有一点值得注意：微店的营销推广工作以及与买家进行交流、沟通，会涉及微信、微博、QQ 等社交工具的应用，所以在开通微店之前，要把这些社交软件下载到手机上。

3. 准备一张银行卡

在开通微店之前，店主应该准备好一张用于收款的银行卡，并绑定在自己的微店支付功能上。

微店平台几乎支持所有类型的银行卡。

4. 下载 APP 应用

微店经营——比如产品的营销推广、日常管理等，都将在您所选取的微店 APP 上进行。

在微店 APP 的选择上，店主一定要考虑全面，最好先对备选的微店 APP 应用进行全面了解和综合评估。比如应用过程中是否得心应手，是否便于交易工作的顺利进行等，然后再进行选择。

当然，不要忘记参考上一节的内容。除了上面为大家介绍的这些必备事宜之外，还有一些细节问题需要考虑。比如，提前想好微店的名称，提前准备好微店的头像等。

一切准备妥当之后，微店就可以华丽丽地登场了。

二、微店注册

微店有个人微店和企业微店两种。

（1）输入手机号码。同意微店平台服务协议和微店禁售商品管理规范，如图 7-37 所示。

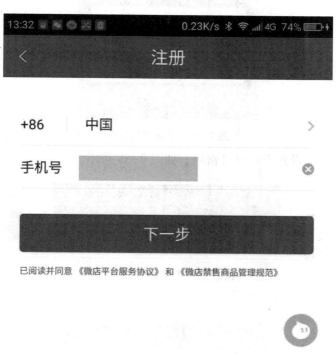

图 7-37　手机号码注册

（2）接收短信验证码的手机号码确认，如图 7-38 所示。

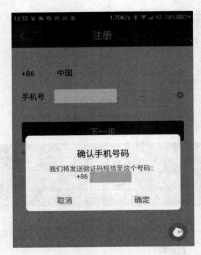

图 7-38　确认手机号码

（3）设置您的登录密码，如图 7-39 所示。

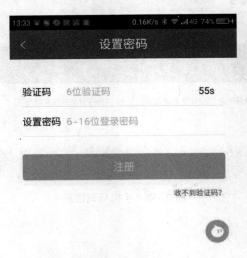

图 7-39　设置密码

（4）创建店铺。上传头像，取一个自己喜欢的名字作为店铺名，开通担保交易，点击"完成"，如图7-40所示。

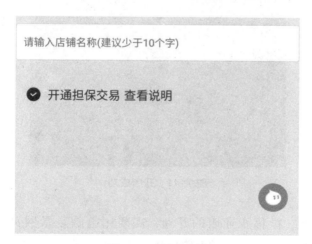

图 7-40　创建店铺

（5）开店成功，如图 7-41 所示。

图 7-41 开店成功

注意：微信企业店的开通，需要用电脑登录网页版微店（d. weidian. com），用个人微店账号登录后，点击"个人资料"。在页面上有个"转企业微店"按钮。

进入"转企业微店"页面，上传营业执照、银行开户许可证扫描件或者照片。按要求填写资料。再按要求完成操作，进行下一步，直到注册成功。

（6）进入微店页面，点击"我的收入"，点击"绑定银行卡"。

（7）在认证页面，点击"去认证"按钮，进行实名认证。

（8）填写身份信息，绑定自己的银行卡，作为提现用，点击"实名认证并绑卡"，完成实名制认证。

（9）在手机微店页面点击微店，进入"微店管理"，按要求开通各种服务项目。

①点击"店铺名"，进入微店信息，上传自己的店标、头像、店长昵称、微信号、微信二维码、客户电话、主营类目、微店地址，添加微信号和微信二维码是为了方便和客户联系。

②点击"身份认证"上传实名制人的身份证件，完成证件认证，证件认证了才可以开通直接到账项目。

③在微信中点亮微店。这样更有利于利用微信的推广店铺和产品。

④用电脑登录网页版微店（d. weidian. com），在首页找到"加入 QQ 购物号"，申请加入。注意：QQ 购物号也就是 QQ 账号。

三、商品管理

微店注册成功，就相当于店铺开业了。应尽快将商品上架销售，不要让您的店铺空置太久。一鼓作气，再而衰，三而竭。

商品管理是微店开通后的第二项至关重要的工作。微店只是一个展示商品的平台，商品才是最重要的内容。

如何将商品添加到微店平台并分享出去？

（一）寻找货源很简单

我们前面说过，微店店主既可以卖自己的商品，也可以卖别人的产品，两种方法都有钱可赚。前者是赚利润，后者是赚佣金。

那么卖别人的产品该如何寻找货源呢？

微店平台都有一个单设的功能——"货源"。您不知道从哪儿进货不要紧，不想手里存货也不要紧，批发市场帮您全部搞定。您不但可以在一个海量的批发市场寻找中意的商品，还不需要您拿出真金白银进货，而且从商品发货乃至售后服务，批发市场的商户都可以帮您搞定。

去批发市场的路径如下。

（1）打开"微店"APP主页，翻到第二篇，会看见一个"货源"的图标。

（2）点击"货源"。进入该页面后，各位会看到三大板块，即批发市场、转发分成和附近微店。

（3）点击"货源"。进入后，会看到销售各类商品的店铺，这里货物品类齐全，应有尽有，您可以尽情寻找自己中意的供货商和商品。

（4）找到自己感兴趣的供货商后，点击进入，可以看到各种店铺展示的所有商品。

（5）点击选中的商品，便会进入该商品的详情页面，看到该商品的详细信息。

当您有意添加某件商品后便可以点击商品详情页右下角的"联系卖家"按钮，和商家交流合作事宜，同时还可以让对方为您提供该商品的图片。商品详情页里也有商品的图片和其他详细信息，自己动手截图添加到微店也可以。只是手动截图的图片效果相对欠佳，清晰度不如供应商提供的图片。

在此顺便介绍一下"供货"。如果您有批量出货的能力，也想入驻批发市场，或者是想招代理，就可以通过它成为微店平台"供货"中的一员。点击这个按钮，你就可以出现在"批发市场"里了。

有一点值得注意，在点击"供货"后，店主需要用电脑登录微店网页版，才能申请成为"批发商"。

关于批发市场的内容就是这些。对于没有货源、不想存货的店主来说，借助"货源"这个功能，既可以分文不花开一家店，又可以免去发货与售后的诸多琐事，可谓省心又省事。

（二）添加商品

怎样将你要售卖的商品放进微店中陈列呢？

（1）打开手机微店界面，点击桌面上的"商品"图标，进入微店的"添加新商品"界面，如图 7-42 所示。

图 7-42　添加新商品

（2）这就是"添加新商品"环节了。是不是感觉这个页面很熟悉呢? 是的, 跟我们平时注册 QQ、微信时的填写资料页面十分相似 (有头像, 有名称)。这时您需要点击虚框, 如图 7-43 所示。

图 7-43　添加商品

(3) 点击虚框之后, 页面就会直接转到手机里的图库 (自有商品照片需提前拍摄完成），从中选取你要上传的商品图片，然后点击"完成"即可，如图 7-44 所示。

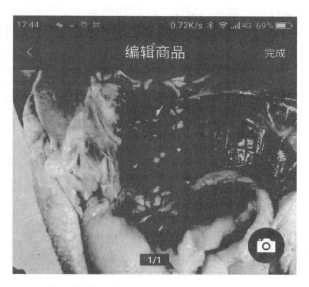

图 7-44　编辑商品

（4）商品头像设置完之后，就会自动返回到添加商品页面。接下来继续填写商品资料，其中包括商品详情描述、商品价格、商品库存、运费等。商品详情可以用文字介绍、图片展示，效果更好。

另外，还能添加商品型号。比如如果是服装类商品，可以添加尺寸等信息。资料填写完整后，点击"完成"即可（图7-45）。

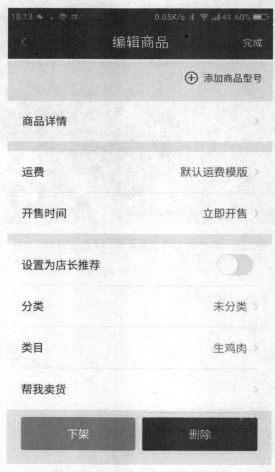

图7-45　添加商品型号

（5）如果感觉自己的产品好，点击"帮我卖货"可以开通供应商试用功能让分销商帮您卖货，如图7-46所示。

图7-46　供货商报名

（6）到这里，商品添加环节就完成了。有一点值得注意：商品添加完成之后，不要忘了点击"分享"，把商品分享到各种社交平台上，让更多的人了解商品的信息。比如分享到微信朋友圈，如图 7-47 和图 7-48 所示。

图 7-47　分享商品

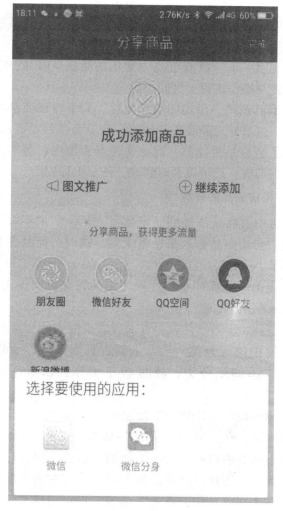

图 7-48　分享至微信

（7）分享完毕后，填写店长推荐和标签，页面会自动跳转回"我的微店"页面，这时候就会看见刚刚上传的商品出现在微店里。

按照上面的步骤，将商品一件件添加到自己的微店中，这时微店开始逐步进入经营状态。

最后说明一下，目前市场中常用的微店 APP 的商品添加，在功能设置与操作流程上大同小异。

（8）商品预览。添加完商品之后，为了保证商品的最佳展示效果，店主最好对商品进行预览，看看商品展示有没有缺陷。例如，商品名称是否完整、商品头像是否清晰，等等。如果发现有缺陷与瑕疵，您可以及时修改，使之更加完美。

（三）微店商品的分类

当微店中的商品添加到一定数量之后，如果不采取科学有序的管理，会让商品看起来杂乱无章。这时，商品分类功能就派上用场了。

（1）点击"商品"页面，进入商品管理页面点击"分类"按钮，进入"分类页面"。

（2）进入"分类"列表，点击微店页面中的"新建分类"。在输入框输中进行分类。再点击微店页面中的"管理"分类进入。点击添加子分类，填写新建子分类内容，最后点击完成。

（3）返回商品"出售中"的页面。点击"批量管理"进入批量管理页面，有一项"分类至"功能，点击"分类至"后，便会看到商品类别选项。每一个类别的右边，都会显示出该类别商品的数量。选择符合商品的类别，点击左边小圆圈，成功后会显示一个红色对钩，点击"确定"即可完成。另外，如果没有找到符合商品的类别，还可以通过下方的"新建分类"功能建立商品类别。

需要提醒的是：如果操作量小，可以用手机。如果操作量大，最好用电脑进行批量处理，这样会更加便捷。

商品分类成功回到主页后，还可以对刚才的商品分类进行查看。这时候只需点击商品从属类别即可。

对商品进行分类，和超市分类摆放商品的道理一样，便于顾客选购，从而提升店铺销售业绩。

（四）让更多的人看到商品

完成商品添加、商品预览和商品分类之后，商品的上传工作就完成了。

看见商品美美地展示在微店中，不用说，您的心情也一定是美美的。不过，只有您对微店的商品感兴趣是没有用的，重要的是让更多的消费者感兴趣。而您只有先把商品分享出去，让更多的人看到，才有可能引起他们的兴趣。

如何将微店里的商品分享出去呢？

一般来说，微店的商品分享主要是通过各种社交软件实现的。下面向大家介绍商品的分享方法与渠道。

（1）打开微店主页，进入"商品"后，会出现微店的商品展示。

（2）在每一件商品的下方有几个图标，从左至右依次是"预览""复制""图文推广"和"分享"。点击右下方的"分享"按钮，就可以看到很多社交软件的标志，包括微信（好友）、微信朋友圈、QQ好友、QQ空间、新浪微博，等等。这些都是微店商品的重要分享渠道。

（3）点击社交软件的图标（一次只能选一种），就可以把商品分享出去了。

以微店的某商品为例。选择微信平台分享之后，再输入"分享内容"，然后点击"分享"即可，如图7-49所示。

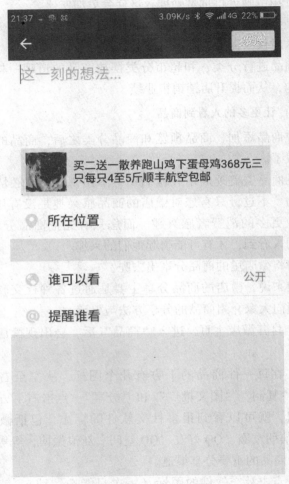

图 7-49　分享至朋友圈

　　成功分享商品后，页面会显示"已发送"。同时页面还会有两种提示：返回微店客户端或留在微信。

　　当您把商品通过各种社交平台分享出去之后，您的各种

"朋友圈"的粉丝都会收到这条信息。

在上面提到的各种社交平台中，微信朋友圈相对来说是最有质量的分享渠道。与 QQ 以及其他分享方式不同，在微信朋友圈里看到微店分享商品的人，大多都是店主的粉丝，这些粉丝的活跃度、对店主的信任度都较高，因而转化为顾客的概率也较高。

另外还有一些分享渠道，比如 QQ 好友、QQ 空间、微信好友、新浪微博，其具体的分享流程跟微信圈一样，这里就不一一赘述了。

如果按分享目标来分，分享渠道可以分为两类：一类是单一分享好友的目标分享，包括 QQ 好友和微信好友这种单个目标的分享方式。另一类是将商品放到某个页面进行展示，包括个人中心、朋友圈这种个人的社交空间。

当然，一对一发送给好友进行商品分享更具有针对性，但缺点是分享范围过窄。个人中心或者朋友圈等正好相反，针对性不强，但分享范围比较广。店主可以将这两种分享类别组合运用，既定点捕鱼，又广种薄收。

另外，微店平台的"推广"功能里是"付费推广"，付费推广效益肯定是不一样的。

四、淘宝店主开微店

微店的崛起，让一些淘宝店主心里痒痒的。一些淘宝店主自然也想从中分一杯羹，反正不要花什么本钱，本身又在做电商，多开辟一个阵地就多一个机会，何乐而不为？

淘宝店主开微店，会涉及一个现实问题：搬家。

和现实中的搬家一样，电商网店搬家，也涉及各种商品的图片、信息的转移，多少有些麻烦。好在微店为淘宝店主特别设置了一项功能——"淘宝搬家"，能帮助淘宝店主将自己淘宝店内的商品，一键搬进微店中。没错，一键搞定，方便又快捷。

下面以微店为例，简要介绍一下一键搬家的操作。

（1）打开"微店"。在微店页面，点击"设置"按钮。在设置页面中找到"搬家助手"，点击它，如图7-50所示。

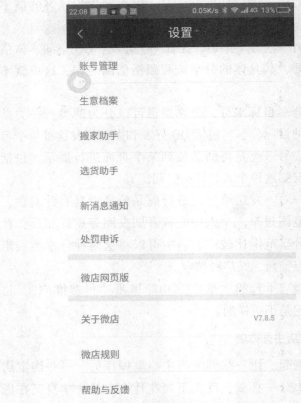

图7-50　"淘宝搬家助手"页面

（2）跳转到"淘宝搬家助手"页面，店主会看见有两种搬家方式："快速搬家"和"普通搬家"。若您想快速将自己的店铺搬家至微店中，可选择"快速搬家"，然后点击"确定"，便可进入搬家状态，24 小时内会完成全部操作，如图 7-51 所示。

搬家助手

淘宝搬家助手帮你把淘宝店铺商品一键复制到微店。

快速搬家

普通搬家

若快速搬家失败，请尝试普通搬家。

咨询电话:400-135-6789

图 7-51 搬家助手

（3）自动链入淘宝会员登录页面，淘宝店主需要填写手机号码（或淘宝会员名）以及密码，然后登录。登录 5 秒钟后，页面会自动跳转。在进行快速搬家时，如果你的淘宝店设置了账号保护，则需要登录淘宝店，将淘宝账号保护取消，才可以继续进行搬家，如图 7-52 所示。

图 7-52　淘宝会员登录

　　如果店主拥有不止一家淘宝店，还想将其他淘宝店也搬进微店，这时候直接点击"再搬一家淘宝店"即可。如果淘宝店铺新增了商品，点击"更新"，即可将更新的商品同步到微店中。

　　（4）点击"确定"，等待搬家完成，如图7-53所示。

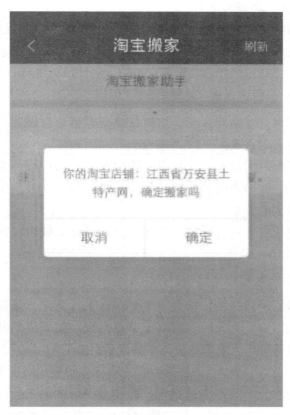

图7-53　确定搬家

五、微店的推广

对于微店的整个经营过程来说，推广的重要性不言而喻。

没有给力的推广，就欠缺足够的流量，欠缺足够的流量，销售额怎么上得去？

微店的推广方式有很多，可谓五花八门，各有特色。要想让推广取得理想的成效，唯有"十八般武艺，样样精通"，才能"笑傲江湖，名扬天下"。

微店的推广要不断玩出新花样，才会有更好的发展前景。墨守成规或生搬硬套地模仿他人的点子，终究是跟在人家屁股后面走的把戏，结果总是慢他人半拍，店铺经营很难有起色。

（一）如何获得第一批顾客

俗话说，万事开头难。如何快速获得第一批顾客，是微店经营的难点与重点。

如果长时间没有一个订单，相信很多人的信心与激情都会消磨殆尽。而是否能够快速获得第一批顾客，和推广工作是否到位有很大的关系。

一般来说，只要做到以下几点，就可以为微店轻松搞定第一批顾客。

1. 借助熟人的力量

在微店经营初期，仅凭店主个人去进行推广，是很难打开局面的，因为一个人的社交圈子毕竟有限。如果借助熟人来帮助自己进行推广，乘积效应就立刻显示出来了。

我们说的"熟人"，包括亲戚、朋友、同学和同事等。向他们提出请求，一般不会被拒绝。即使是一般的熟人，也可能会"礼貌性"地帮你在他的社交圈（QQ、微信、微博等）转发您的店铺或商品链接。关系亲近的人，还会通过更多的渠道帮助您进行推广。

当然，这些熟人中，也会有人直接变成您的顾客，之后在为您推广的时候，他们会加上自己的用户体验，这样会让推广变得更为可信。

需要说明的是，熟人是为了支持您而购买商品，他们不能视为真正意义上的第一批顾客。

根据美国著名推销员乔·吉拉德总结出的"250 定律"，每个人所认识的熟人大约有 250 个。您想想，如果您的熟人中有 10%帮你大力推广，熟人的熟人中又有 10%的人帮您推广……雪球滚下去，其体量有多大！

当大家都来帮助您进行微店推广时，每个转发推广信息的人的社交圈子相互叠加，必然会让更多的人知道您的微店，第一批顾客说不定就会从中产生。

2. 找到目标客户

撒大网不一定能捞到鱼，只有选对水域，才能网到更多的鱼。推广工作也是一样，如果您只是在漫无目的地推广您的微店和商品，可能会迎来第一位顾客，但是很难迎来第一批顾客。

微店推广的关键，是要找到需求目标，这就要考验店主以及帮助店主推广的人的观察力了。

在推广之前，店主应该对自己所在的社交圈里的好友进行认真分析，从其发布在个人中心和朋友圈中的照片，以及各种生活片段中，找到对您的商品感兴趣或有需求的人。有了目标客户之后，推广的效果就会大大提高。

同时，您也需要有目的地逐步建立您的目标客户群。如做户外装备的店主，就应该多"混"户外论坛、QQ 群、微信群，从中寻找更多的目标客户。

3. 对症下药

通过分析，掌握朋友圈中的好友对哪些产品有需求。如果是关系比较熟的好友，可以直接询问。当确定了客户的消费需求之后，就可以对症下药，有针对性地进行相关商品的推广和介绍了。

推广的方法有很多，可以通过微信，也可以通过短信。无论您借助哪种渠道，都要把产品清楚、简洁地介绍给对方。

如果客户本身对这种商品确有需求，再加上是圈内好友的推荐，则购买率会相当高。

（二）利用微店自有的推广功能

说到推广管理，微店本身自带的推广功能也是相当强大的。这些微店自带的推广功能，是最基本的、不可忽略的推广方法。微店开张之后，各位店主要利用好这些微店自带的推广功能。

下面以手机微店平台的推广功能为例，带领大家一探究竟。

打开手机微店平台的客户端，点击"我要推广"，就能看到该微店平台的三大推广功能：友情店铺、分成推广和口袋直通车。下面分别为大家做介绍。

1. 友情店铺

（1）点击"友情店铺"，进入该功能的"添加"页面。在这里，能够看到很多类型的店铺。

您在看到自己中意的店铺后，可以进入该店铺查看详情。如果确定想要与其成为友情店铺，可以点击右边圆形按钮进行添加。

添加友情店铺后，需要等待对方验证。当对方通过验证申请后，您们便成了好友，可以互相免费推广店铺。

（2）点击页面下方的"管理"按钮，可以进入友情店铺的管理页面。点击友情店铺右边的圆形按钮，可以选择随时删除好友。

同时，各位店主还可以点击"切换自动管理友情店铺"自动管理友情店铺，友情店铺为自己带来的用户数便可一目了然。

（3）接下来，让我们切换成手动管理友情店铺。这时候回到"管理"页面，点击页面下方的"统计"按钮，便又进入了友情店铺的统计页面。这个页面能够帮助店主统计友情店铺为自己带来的用户数，包括昨日人数和累计人数，让店主随时了解友情店铺在自己店铺的推广活动中发挥的作用。这个和自动管理友情店铺的页面类似。

（4）点击页面下方的"动态"，进入友情店铺的"动态"页面，该页面会显示出所有想要和您成为好友的店铺动态。您可以点击右边的"接受"按钮，便可和相应的店铺成为友情店铺，然后互相推广店铺，实现互利双赢。

在微店起步期，应该尽量多加好友。但做到一定规模后，就需要综合考虑对方的价值——如果对方是您的竞争对手，或者对方给您带来的广告效应远远低于您给予对方的，或者对方给予您的佣金太低，那么就有必要点"拒绝"了。

2. 分成推广

所谓分成推广，就是将您的粉丝深度参与到您的微店推广中来，成为您的分销商。分销商把店主的微店链接或某件商品的链接分享给他人，相当于您的分店。分销商数量越多，您面对的潜在客户就越多，您的生意自然也会越兴旺。下面介绍分成推广如何操作。

回到"我要推广"页面，点击"分成推广"，便可进入相应页面。"分成推广"包括查看报表、修改佣金比例以及取消分成推广三项功能。

（1）查看报表。点击"查看报表"，进入相应页面。查看报表包括两部分内容：累计支付佣金和推广成交金额。微店的佣金支付与回报获取的对比情况，通过这两项数据能够清晰地反映出来，店铺的推广工作是否见效和一目了然。

（2）修改佣金比例。返回"分成推广"页面，点击"修改佣金比例"，进入相应页面，然后在输入框内选取合理的佣金比例，点击"确定"即可对佣金比例进行确认。

佣金比例设置完成后，即可在"分成推广"页面上看到该佣金比例。如果店主想查看过去一段时间内店铺的佣金信息，可以点击"查看佣金"，进入"分成推广报表"查看。

同时，店主可以通过点击"修改佣金比例"，随时修改，调整店铺推广工作的节奏与力度。

如果商品利润本身比较丰厚，或者推广效果不大，就可以通过调高佣金，以吸引更多的店铺参与推广；如果商品利润本身不高，或者推广工作已初见成效，就可以适度调低。

佣金比例设置完成后，进入微店页面，点击"分享"，就可以将自己的店铺一键分享到微信、朋友圈、QQ 等社交平台。

比如，将微店分享到自己的 QQ 中，选定其中一位好友，然后写几句文字，再加上一些表情，评论一下自己的店铺，然后点击"发送"，便可成功分享。

（三）淘宝网店铺运营手机应用软件

淘宝卖家上传产品需要电脑上传，目前手机上传还不方便。

千牛——卖家工作台。阿里巴巴集团官方出品，淘宝卖家、天猫商家均可使用，包含卖家工作台、消息中心、阿里旺旺、量子恒道、订单管理、商品管理等主要功能。目前有两个版本：电脑版和手机版。

手机管店，随时随地都能接单，实时掌握店铺动态。

不在电脑旁，手机聊天接单。手机快捷短语秒回咨询；边聊天，边推荐商品，核对订单，查看买家好评率；支持语音转文字输入。

打开手机查看一眼经营数据。经营各环节数据，做好全局配货，销售和备货工作准备；店铺分析报告，查阅数据走势，支持与同行对比。

适配的营销工具，更省心更高效。插件中心具备丰富的营销工具，内有交易、商品、数据、直通车、供销等各种插件可供选用。

可利用碎片时间学习规则。手机牛吧看淘宝官方动态、最新资讯；做卖点，打爆款，引流量，管店不忘每天学学秘籍与攻略；报名参加线下活动培训和交流会。

备忘录功能，轻松备忘待办工作。加星标注设提醒，不会耽误事；在外无法处理的工作，可以安排同事处理。

哪些人可以开设淘宝店铺？

在 2015 年淘宝的年度大会中，行癫曾表示将会对店铺进行分类，一类是个人店铺，另一类是淘宝企业店铺，这一明显的信息就是告诉淘宝卖家特别是企业卖家，赶快去开通淘宝企业店铺，淘宝企业店铺将拥有更多的流量和政策上的倾斜，这也是淘宝在优化自身流量。

下面带大家了解淘宝企业店铺是什么，通过支付宝商家认证，并以工商营业执照来开设店铺。

淘宝店铺重新制定划分标准：

（1）按照店铺资质分类

①天猫将主动招商，采取邀请制，控数控品。

②淘宝将划分为个人店铺和企业店铺。

据淘宝公告相关消息，个人店铺是指通过个人身份证认证开设的店铺，而企业店铺则是通过营业执照认证所开设的店铺。

（2）企业店铺的权益

①发布商品数量。一冠以下企业店铺可发布商品数量提升至一冠店铺的发布标准。

②橱窗推荐位。企业店铺可在原有基础上额外奖励 10 个橱窗位。

③子账号数。企业店铺在淘宝店铺赠送的基础之上再赠送18 个。

④店铺名设置。开放店铺名可使用关键词：企业、集团、公司、官方、经销。

⑤企业店铺的展示区别。搜索（宝贝搜索，店铺搜索），下单页，购物车，到已买到宝贝，展示企业店铺的标识。

（3）淘宝企业店铺的功能

①优化了企业开店的流程，帮助企业卖家快速开设店铺。

②在前台展示上，有定制的店铺套头，在定制的宝贝详情页，从搜索（宝贝搜索，店铺搜索），下单页，购物车，到已买到宝贝，企业店铺的标识也是全链路展现，使消费者能一目了然地知道企业店铺与个人店铺的区别。

③在商品发布数量，橱窗位，旺旺子账号都有一定的权益，在店铺名选词上，也会开放公司、企业、集团、官方、经销这五个词。在直通车报名上，也会降低企业店铺的信用等级限制。

第五节 农业在线学习

一、掌上农民信箱

"掌上农民信箱"是基于浙江农民信箱平台开发的一款移动智能终端应用软件。其中，政务信息、农业咨询、商务信息为该产品的三大特色。只要打开政务信息专栏，就可以了解全省最新的农业新闻。农民用户不仅可以获得近期全省市场农产品销售动态，对于农户阶段性投资生产农产品也有帮助。农业咨询涵盖三项内容：咨询管理、产业团队和农技知识库。如果农户遇到农产品收成锐减、农产品高科技养殖等相关问题，产业团队及咨询管理两大板块内容都会为用户提供最专业、最权威的解答。农技知识库为用户们提供了季节性农产品种植、养殖知识。商务信息专栏是专为用户发布农产品买卖信息交流的服务平台。农户只需在该软件中注册登录账号，便可在相应的应用位置发布自家的特色产品，传播卖家信息，销售产品。

二、12316

12316 是农业部在全国启用的农业系统公益服务统一专用代码。河北省开通了 12316 三农热线接受农产品质量安全和农资打假举报投诉及农业信息服务电话咨询，开发了 12316 手机 APP，实时更新，部分栏目可以帮助用户利用智能手机进行在线学习。

（一）农业知识

用户可以在 12316 手机 APP 的农业知识栏目，学习国家和河北省农业政策、法律法规、标准等全文，经国家和河北省审定的、适宜河北省种植和养殖的农产品品种，农业行政审批事项目录和指南，作物栽培、畜禽养殖、水产养殖、育种、植物保护、农产品贮藏保鲜等农业基础知识。

（二）农业技术

用户可以 12316 手机 APP 的农业技术栏目，学习适宜河北省的粮油棉、蔬菜瓜果、花木园艺、饲草种植、中草药、食用菌、土壤肥料、植物保护、农业机械、储藏加工、畜牧兽医、水产养殖等各类农业技术。

（三）在线投诉及咨询

用户在学习农业知识和农业技术时遇到难题，或是在农业生产经营管理、农资购买使用中遇到问题，都可以通过 12316 手机 APP 咨询农业专家，农业专家可以通过手机视频实时解答，或者通过电话、文字来解答。目前，全省有 12316 农业专家 400 多名，涉及农业各个行业，遍布全省各地。

案例：

使用 12316（"三农信息通"）注册用户、查看农业信息、查看农业政策、咨询。

（1）下载并安装"三农信息通"。打开"手机应用市场"，在搜索栏中输入"12316"，点击搜索，在搜索结果中点击"三农信息通"右侧的"下载"按钮下载并安装，如图7-54所示。

图7-54　下载并安装"三农信息通"

（2）设置个人信息。打开"三农信息通"，点击"更多"，可以根据需要来设置个人信息。如点击游客账户，设置自己的昵称、性别、关注行业等，如图7-55所示。

（3）查看农业信息。打开"三农信息通"在"首页"中，可以查看各种农业信息，如图7-56所示。

（4）查看农业政策。点击"发现"，在各分类信息中找到"政策"，查看农业政策，如图7-57所示。

（5）咨询。点击"互动"，点击"在线咨询"，可以查看专家和农民的互动信息；若想自己发布咨询，点击右上角的"+"，点击"发表内容"，输入手机号码激活后，就可以发布自己的咨询了，如图7-58所示。

图 7-55　设置个人信息

图 7-56　查看农业信息

图 7-57　查看农业政策

图7-58 咨询

第六节 手机在物联网中的应用

农业物联网一般应用是将大量的传感器节点构成监控网络，通过各种传感器采集信息，以帮助农民及时发现问题，并且准确地确定发生问题的位置，这样农业将逐渐地从以人力为中心、依赖于孤立机械的生产模式转向以信息和软件为中心的生产模式，从而大量使用各种自动化、智能化、远程控制的生产设备。

一、物联网的概念

物联网是新一代信息技术的重要组成部分，也是"信息化"时代的重要发展阶段。其英文名称是 Internet of Things（IoT）。顾名思义，物联网就是物物相连的互联网。它有两层意思：其一，物联网的核心和基础仍然是互联网，是在互联网基础上延伸和扩展的网络；其二，其用户端延伸和扩展到了任何物品与物品之间，进行信息交换和通信，也就是物物相息。物联网通过智能感知、识别技术与普适计算等通信感知技术，广泛应用于网络的融合中，也因此被称为继计算机、互联网之后世界信息产业发展的第三次浪潮。物联网是互联网的应用拓展，与其说物联网是网络，不如说物联网是业务和应用。因此，应用创新是物联网发展的核心，以用户体验为核心的创新 2.0 是物联网发展的灵魂。

活点定义：利用局部网络或互联网等通信技术把传感器、控制器、机器、人员和物等通过新的方式联在一起，形成人与物、物与物相联，实现信息化、远程管理控制和智能化的网络。物联网是互联网的延伸，它包括互联网及互联网上所有的资源，兼容互联网所有的应用，但物联网中所有的元素（所有的设备、资源及通信等）都是个性化和私有化。

二、物联网的起源

1991 年美国麻省理工学院（MIT）的 Kevin Ash-ton 教授首次提出物联网的概念。

1995 年比尔·盖茨在《未来之路》一书中也曾提及物联网，但未引起广泛重视。

1999 年美国麻省理工学院建立了"自动识别中心（Auto-ID）"，提出"万物皆可通过网络互联"，阐明了物联网的基本含义。早期的物联网是依托射频识别（RFID）技术的物流网络，随着技术和应用的发展，物联网的内涵已经发生了较大变化。

2003 年美国《技术评论》提出传感网络技术将是未来改变人们生活的十大技术之首。

2004 年日本总务省（MIC）提出 u-Japan 计划，该战略力求实现人与人、物与物、人与物之间的连接，希望将日本建设成一个随时、随地、任何物体、任何人均可连接的泛在网络社会。

2005 年 11 月 17 日，在突尼斯举行的信息社会世界峰会

（WSIS）上，国际电信联盟（ITU）发布《ITU 互联网报告 2005：物联网》，引用了"物联网"的概念。物联网的定义和范围已经发生了变化，覆盖范围有了较大的拓展，不再只是指基于 RFID 技术的物联网。

2006 年韩国确立了 u-Korea 计划，该计划旨在建立无所不在的社会（Ubiquitous Society），在民众的生活环境里建设智能型网络（如 IPv6、BcN、USN）和各种新型应用（如 DMB、Telematics、RFID），让民众可以随时随地享有科技智慧服务。2009 年韩国通信委员会出台了《物联网基础设施构建基本规划》，将物联网确定为新增长动力，提出到 2012 年实现"通过构建世界最先进的物联网基础实施，打造未来广播通信融合领域超一流信息通信技术强国"的目标。

2008 年后，为了促进科技发展，寻找经济新的增长点，各国政府开始重视下一代的技术规划，将目光放在了物联网上。在中国，同年 11 月在北京大学举行的第二届中国移动政务研讨会"知识社会与创新 2.0"提出移动技术、物联网技术的发展代表着新一代信息技术的形成，并带动了经济社会形态、创新形态的变革，推动了面向知识社会的以用户体验为核心的下一代创新（创新 2.0）形态的形成，创新与发展更加关注用户、注重以人为本。而创新 2.0 形态的形成又进一步推动新一代信息技术的健康发展。

2009 年欧盟执委会发表了欧洲物联网行动计划，描绘了物联网技术的应用前景，提出欧盟政府要加强对物联网的管理，促进物联网的发展。

2009 年 1 月 28 日，奥巴马就任美国总统后，与美国工商业领袖举行了一次"圆桌会议"，作为仅有的两名代表之一，IBM 首席执行官彭明盛首次提出"智慧地球"这一概念，建议新政府投资新一代的智慧型基础设施。当年，美国将新能源和物联网列为振兴经济的两大重点。

2009 年 2 月 24 日，2009 年 IBM 论坛上，IBM 大中华区首席执行官钱大群公布了名为"智慧的地球"的最新策略。此概念一经提出，即得到美国各界的高度关注，甚至有分析认为IBM 公司的这一构想极有可能上升至美国的国家战略，并在世界范围内引起轰动。

"智慧地球"战略被美国人认为与当年的"信息高速公路"有许多相似之处，同样被他们认为是振兴经济、确立竞争优势的关键战略。该战略能否掀起如当年互联网革命一样的科技和经济浪潮，不仅为美国关注，更为世界所关注。

2009 年 8 月，温家宝在"感知中国"中心的讲话把我国物联网领域的研究和应用开发推向了高潮，无锡市率先建立了"感知中国"研究中心，中国科学院、运营商、多所大学在无锡建立了物联网研究院，无锡市江南大学还建立了全国首家实体物联网工厂学院。自温家宝提出"感知中国"以来，物联网被正式列为国家五大新兴战略性产业之一，写入"政府工作报告"，物联网在中国受到了全社会极大的关注，其受关注程度是在美国、欧盟以及其他各国不可比拟的。

物联网的概念已经是一个"中国制造"的概念，它的覆盖范围与时俱进，已经超越了 1999 年 Ashton 教授和 2005 年 ITU 报告所指的范围，物联网已被贴上"中国式"标签。

物联网作为一个新经济增长点的战略新兴产业，具有良好的市场效益，《2014—2018 年中国物联网行业应用领域市场需求与投资预测分析报告》数据表明，2010 年物联网在安防、交通、电力和物流领域的市场规模分别为 600 亿元、300 亿元、280 亿元和 150 亿元。2011 年中国物联网产业市场规模达到 2 600 多亿元。

三、农业物联网发展需求与趋势

作为农业信息化发展高级阶段的农业物联网正展现出蓬勃的生命力，随着农业物联网关键技术和应用模式的不断熟化，农业物联网正从起步阶段步入快速推进阶段。科学分析农业物联网发展面临的机遇和挑战，准确把握农业物联网趋势和需求，针对性制定推进农业物联网发展的相关对策，对推动我国现代农业发展具有重要意义。

农业物联网关键技术与产品的发展需经过一个培育、发展和成熟的过程，其中培育期需要 2~3 年，发展期需要 2~3 年，成熟期需要 5 年，预计农业物联网的成熟应用将出现在十三五末期即 2020 年左右。总体看来，我国农业物联网的发展呈现出技术和设备集成化、产品国产化、机制市场化、成本低廉化和运维产业化的发展趋势。

（一）更透彻的感知

随着微电子技术、微机械加工技术（MEMS）、通信技术和微控制器技术的发展，智能传感器正朝着更透彻的感知方向发展，其表现形式是智能传感器发展的集成化、网络化、系统化、高精度、多功能、高可靠性与安全性趋势。

新技术不断被采用来提高传感器的智能化程度，微电子技术和计算机技术的进步，往往预示着智能传感器研制水平的新突破。近年来各项新技术不断涌现并被采用，使之迅速转化为生产力。例如，瑞士 Sensirion 公司率先推出将半导体芯片（CMOS）与传感器技术融合的 CMOSens 技术，该项技术亦称"Sensmitter"，它表示传感器（sensor）与变送器（transmitter）的有机结合，以及美国 Honeywell 公司的网络化智能精密压力传感器生产技术，美国 Atmel 公司生产指纹芯片的 Finger ChipTM 专有技术，美国 Veridicom 公司的图像搜索技术（物 L2 联网

Seek TM)、高速图像传输技术、手指自动检测技术。再如，US0012 型智能化超声波干扰探测器集成电路中采用了模糊逻辑技术（Fuzzy-Logic Techniques，FLT），它兼有干扰探测、干扰识别和干扰报警这三大功能。

多传感器信息融合，即单片传感器系统，即通过一个复杂的智能传感器系统集成在一个芯片上实现更高层的集成化。如美国 MAXIM 公司推出的 MAX1458 型数字式压力信号调理器，内含 E2PROM 能自成系统，几乎不用外围元件即可实现压阻式压力传感器的最优化校准与补偿。MAX1458 适合构成压力变送器/发送器及压力传感器系统，可应用于工业自动化仪表、液压传动系统、汽车测控系统等领域。

智能传感器的总线技术现正逐步实现标准化、规范化，目前传感器所采用的总线主要有以下几种：Modbus 总线、SDI-12 总线、1-Wire 总线、I2C 总线、SMBus、SPI 总线、Micro Wire 总线、USB 总线和 CAN 总线等。

（二）更全面的互联互通

农业现场生产环境复杂，涉及大田、畜禽、设施园艺、水产等行业类型众多，所使用的农业物联网设备类型也多种多样，不同类型、不同协议的物联网设备之间的更全面有效的互联互通是未来物联网传输层技术发展的趋势。

无线传感器网络和 3G 技术是未来实现更全面的互联互通的关键技术。基于无线技术的网络化、智能化传感器使生产现场的数据能够通过无线链路直接在网络上进行传输、发布和共享，并同时实现执行机构的智能反馈控制，是当今信息技术发展的必然结果。

无线传感器网络无论是在国家安全，还是国民经济诸方面均有着广泛的应用前景。未来，传感器网络将向天、空、海、陆、地下一体化综合传感器网络的方向发展，最终将成为现实世界和数字世界的接口，深入到人们生活的各个层面，像互联网一样改变人们的生活方式。微型、高可靠、多功能、集成化的传感器，低功耗、高性能的专用集成电路，微型、大容量的能源，高效、可靠的网络协议和操作系统，面向应用、低计算量的模式识别和数据融合算法，低功耗、自适应的网络结构，以及在现实环境的各种应用模式等课题是无线传感器网络未来研究的重点。

目前农业物联网系统一般采用通用分组无线业务（GPRS）来进行数据的传输。GPRS 通常称为 2.5 代通信系统，它是向第三代移动通信技术（3G）演进的产物，其速率通常为 100kbps 左右。3G 技术关键在于服务，农业物联网是 3G 网络非常重要的应用。它的发展一方面需要可靠的数据传输，另一方面需要借助 3G 网络提供相应的服务。因此与 3G 乃至 4G 通信技术的结合是双方发展的需求，是未来发展的方向。

尽管目前 3G 技术在我国还处于起步阶段，但随着 TD-SCDMA、WCDMA、CDMA2000 网络在我国多个城市的试商用成功，可以预见 3G 技术在不久的将来将会应用农业物联网的数据传输和服务提供中，届时农业物联网应用系统容量将会大大增加，通信质量和数据传输速率也将会大大提高。

（三）更深入的智慧服务

农业物联网最终的应用结果是提供智慧的农业信息服务，在目前众多的物联网战略计划与应用中，都强调了服务的智慧化。农业物联网服务的智慧化必须建立在准确的农业信息感知理解和交互基础上，当前以及以后农业物联网信息处理技术将使用大量的信息处理与控制系统的模型和方法。这些研究热点主要包括人工神经网络、支持向量机、案例推理、视频监控和模糊控制等。

从未来农业物联网软件系统和服务提供层面的发展趋势看，主要解决针对农业开放动态环境与异构硬件平台的关系问题，在开放的动态环境中，为了保证服务质量，要保证系统的正常运行，软件系统能够根据环境的变化、系统运行错误及需求的变更及时调整自身的行为，即具有一定的自适应能力，其中屏蔽底层分布性和异构性的研发是关键。从环境的可预测性、异构硬件平台、松耦合软件模块间的交互等方面出发，建立农业物联网中间件平台、提高服务的自适应能力，以及提供环境感知的智能柔性服务正成为农业物联网在软件和服务层面的研究方向和发展趋势。

（四）更优化的集成

农业物联网由于涉及的设备种类多，软硬件系统存在的异构性、感知数据的海量性决定了系统集成的效率是农业物联网应用和用户服务体验的关键。随着农业物联网标准的制定和不断完善，农业物联网感知层各感知和控制设备之间、传输层各网络设备之间、应用层各软件中间件和服务中间件之间将更加紧密耦合。另一方面，随着 SOA（Service Oriented Architecture）、云计算以及 SaaS，EAI（Enterprise Application Integration）、M2M 等集成技术的不断发展，农业物联网感知层、传输层和应用层三层之间也将实现更加优化的集成，从而提高从感知到传输到服务的一体化水平，提高感知信息服务的质量。

四、物联网的关键技术

在物联网应用中有三项关键技术。

（一）传感器技术

这也是计算机应用中的关键技术。大家都知道，到目前为止绝大部分计算机处理的都是数字信号。自从有计算机以来就需要传感器把模拟信号转换成数字信号计算机才能处理。

（二）RFID 标签

也是一种传感器技术，RFID 技术是融合了无线射频技术和嵌入式技术为一体的综合技术，RFID 在自动识别、物品物流管理方面有着广阔的应用前景。

（三）嵌入式系统技术

嵌入式系统技术是综合了计算机软硬件、传感器技术、集成电路技术、电子应用技术为一体的复杂技术。经过几十年的演变，以嵌入式系统为特征的智能终端产品随处可见；小到人们身边的 MP3，大到航天航空的卫星系统。嵌入式系统正在改变着人们的生活，推动着工业生产以及国防工业的发展。如果把物联网用人体做一个简单比喻，传感器相当于人的眼睛、鼻子、皮肤等感官，网络就是神经系统用来传递信息，嵌入式系统则是人的大脑，在接收到信息后要进行分类处理。这个例子很形象地描述了传感器、嵌入式系统在物联网中的位置与作用。

五、物联网应用模式

根据其实质用途可以归结为两种基本应用模式：

（一）对象的智能标签

通过 NFC、二维码、RFID 等技术标识特定的对象，用于区分对象个体。例如，在生活中我们使用的各种智能卡，条码标签的基本用途就是用来获得对象的识别信息；此外，通过智能标签还可以用于获得对象物品所包含的扩展信息，例如，智能卡上的金额余额，二维码中所包含的网址和名称等。

（二）对象的智能控制

物联网基于云计算平台和智能网络，可以依据传感器网络获取的数据进行决策，改变对象的行为进行控制和反馈。例如，根据光线的强弱调整路灯的亮度，根据车辆的流量自动调整红绿灯间隔等。

参考文献

李鸿雁. 2017. 农民手机应用[M]. 北京：中国农业大学出版社.

刘庆帮，刘红菊，罗映秋. 2017. 农民手机应用[M]. 北京：中国林业出版社.

潘青仙，石泓，卜祥勇. 2017. 农民手机应用[M]. 北京：金盾出版社.

任凡，刘玉贤，杜彦江. 2018. 农民手机应用[M]. 北京：中国农业科学技术出版社.

中央农业广播电视学校组. 2017. 农民手机应用[M]. 北京：中国农业出版社.

朱斌，付明，鲁建斌. 2017. 农民手机应用[M]. 北京：中国农业科学技术出版社.